电脑入门基础教程
(Windows 7+Office 2013 版)

文杰书院　编著

U0286760

清华大学出版社
北　京

内 容 简 介

本书是"新起点电脑教程"系列丛书的一个分册，它以通俗易懂的语言、翔实生动的操作案例、精挑细选的使用技巧，指导初学者快速掌握电脑操作，提高电脑实践操作能力。全书共 15 章，主要内容包括快速掌握电脑和 Windows 7 操作系统的使用方法、在电脑中输入汉字的方法、管理电脑中的文件和资料、设置个性化系统、使用 Windows 7 中的常见附件、Office 2013 办公软件、网上浏览、聊天通信以及系统维护等方面的知识、技巧和应用案例。

本书配有一张多媒体全景教学光盘，收录了本书全部知识点的视频教学课程，同时还赠送了 4 套相关视频教学课程，可以帮助读者循序渐进地学习、掌握和提高。

本书面向学习电脑的初、中级用户，适合无基础又想快速掌握电脑操作的读者，同时可作为各行业人员的自学手册，以及电脑培训班的培训教材或者学习辅导书。

图书在版编目(CIP)数据

电脑入门基础教程(Windows 7+Office 2013 版)/文杰书院编著. —北京：清华大学出版社，2016
（2021.10重印）

(新起点电脑教程)

ISBN 978-7-302-44371-1

Ⅰ. ①电… Ⅱ. ①文… Ⅲ. ①Windows 操作系统—教材 ②办公自动化—应用软件—教材
Ⅳ. ①TP316.7 ②TP317.1

中国版本图书馆 CIP 数据核字(2016)第 167537 号

责任编辑：魏　莹　李玉萍
封面设计：杨玉兰
责任校对：吴春华
责任印制：杨　艳

出版发行：清华大学出版社
　　　　　网　　址：http://www.tup.com.cn, http://www.wqbook.com
　　　　　地　　址：北京清华大学学研大厦 A 座　　　邮　　编：100084
　　　　　社 总 机：010-62770175　　　　　　　　　邮　　购：010-62786544
　　　　　投稿与读者服务：010-62776969, c-service@tup.tsinghua.edu.cn
　　　　　质量反馈：010-62772015, zhiliang@tup.tsinghua.edu.cn
印 装 者：三河市铭诚印务有限公司
经　　销：全国新华书店
开　　本：185mm×260mm　　印　张：21　　字　数：508 千字
　　　　　(附 DVD 1 张)
版　　次：2016 年 8 月第 1 版　　　　　印　　次：2021 年 10 月第 14 次印刷
定　　价：49.00 元

产品编号：068500-01

致 读 者

"全新的阅读与学习模式 + 多媒体全景拓展教学光盘 + 全程学习与工作指导"三位一体的互动教学模式，是我们为您量身定做的一套完美的学习方案，为您奉上的丰盛的学习盛宴！

创造一个多媒体全景学习模式，是我们一直以来的心愿，也是我们不懈追求的动力，愿我们奉献的图书和光盘可以成为您步入神奇电脑世界的钥匙，并祝您在最短时间内能够学有所成、学以致用。

全新改版与升级行动

"新起点电脑教程"系列图书自 2011 年年初出版以来，其中的每个分册多次加印，创造了培训与自学类图书销售高峰，赢得来自国内各高校和培训机构，以及各行各业读者的一致好评，读者技术与交流 QQ 群已经累计达到几千人。

本次图书再度改版与升级，汲取了之前产品的成功经验，针对读者反馈信息中常见的需求，我们精心改版并升级了主要产品，以此弥补不足，希望通过我们的努力能不断满足读者的需求，不断提高我们的服务水平，进而达到与读者共同学习和共同提高的目的。

全新的阅读与学习模式

如果您是一位初学者，当您从书架上取下并翻开本书时，将获得一个从一名初学者快速晋级为电脑高手的学习机会，并将体验到前所未有的互动学习的感受。

我们秉承"打造最优秀的图书、制作最优秀的电脑学习软件、提供最完善的学习与工作指导"的原则，在本系列图书编写过程中，聘请电脑操作与教学经验丰富的老师和来自工作一线的技术骨干倾力合作编著，为您系统化地学习和掌握相关知识与技术奠定扎实的基础。

轻松快乐的学习模式

在图书的内容与知识点设计方面，我们更加注重学习习惯和实际学习感受，设计了更加贴近读者学习的教学模式，采用"基础知识讲解+实际工作应用+上机指导练习+课后小结与练习"的教学模式，帮助读者从初步了解与掌握到实际应用，循序渐进地成为电脑应用的高手与行业精英。"为您构建和谐、愉快、宽松、快乐的学习环境，是我们的目标！"

赏心悦目的视觉享受

为了更加便于读者学习和阅读本书，我们聘请专业的图书排版与设计师，根据读者的阅读习惯，精心设计了赏心悦目的版式。全书图案精美、布局美观，读者可以轻松完成整个学习过程。"使阅读和学习成为一种乐趣，是我们的追求！"

更加人文化、职业化的知识结构

作为一套专门为初、中级读者策划编著的系列丛书，在图书内容安排方面，我们尽量摒弃枯燥无味的基础理论，精选了更适合实际生活与工作的知识点，帮助读者快速学习、快速提高，从而达到学以致用的目的。

- ◉ 内容起点低，操作上手快，讲解言简意赅，读者不需要复杂的思考，即可快速掌握所学的知识与内容。
- ◉ 图书内容结构清晰，知识点分布由浅入深，符合读者循序渐进与逐步提高的学习习惯，从而使学习达到事半功倍的效果。
- ◉ 对于需要实践操作的内容，全部采用分步骤、分要点的讲解方式，图文并茂，使读者不但可以动手操作，还可以在大量的实践案例练习中，不断提高操作技能和经验。

精心设计的教学体例

在全书知识点逐步深入的基础上，根据知识点及各个知识板块的衔接，我们科学地划分章节，在每个章节中，采用了更加合理的教学体例，帮助读者充分了解和掌握所学知识。

- ◉ 本章要点：在每章的章首页，我们以言简意赅的语言，清晰地表述了本章即将介绍的知识点，读者可以有目的地学习与掌握相关知识。
- ◉ 知识精讲：对于软件功能和实际操作应用比较复杂的知识，或者难以理解的内容，进行更为详尽的讲解，帮助您拓展、提高与掌握更多的技巧。
- ◉ 实践案例与上机指导：读者通过阅读和学习此部分内容，可以边动手操作，边阅读书中所介绍的实例，一步一步地快速掌握和巩固所学知识。
- ◉ 思考与练习：通过此栏目内容，不但可以温习所学知识，还可以通过练习，达到巩固基础、提高操作能力的目的。

■ 多媒体全景拓展教学光盘

本套丛书配套的多媒体全景拓展教学光盘，旨在帮助读者完成"从入门到提高，从实践操作到职业化应用"的一站式学习与辅导过程。

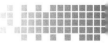

配套光盘共分为"基础入门""知识拓展""上网交流"和"配套素材"4个模块，每个模块都注重知识点的分配与规划，使光盘功能更加完善。

基础入门

在基础入门模块中，为读者提供了本书重要知识点的多媒体视频教学全程录像。

知识拓展

在知识拓展模块中，为读者免费赠送了与本书相关的 4 套多媒体视频教学录像。读者在学习本书视频教学内容的同时，还可以学到更多的相关知识，读者相当于买了一本书，即可获得 5 本书的知识与信息量！

上网交流

在上网交流模块中，为读者提供了"清华大学出版社"和"文杰书院"的网址链接，读者可以快速地打开相关网站，为学习提供便利。

配套素材

在配套素材模块中，为读者免费提供了与本书相关的配套学习资料与素材文件，帮助读者有效地提高学习效率。

图书产品与读者对象

"新起点电脑教程"系列丛书涵盖电脑应用各个领域，为各类初、中级读者提供了全面的学习与交流平台，帮助读者轻松实现对电脑技能的了解、掌握和提高。本系列图书具体书目如下。

分　类	图　书	读者对象
电脑操作基础入门	电脑入门基础教程(Windows 7+Office 2013 版)	适合刚刚接触电脑的初级读者，以及对电脑有一定的认识、需要进一步掌握电脑常用技能的电脑爱好者和工作人员，也可作为大中专院校、各类电脑培训班的教材
	五笔打字与排版基础教程(第 2 版)	
	Office 2013 电脑办公基础教程	
	Excel 2013 电子表格处理基础教程	
	计算机组装·维护与故障排除基础教程(第 2 版)	
	电脑入门与应用(Windows 8+Office 2013 版)	

续表

分　类	图　书	读者对象
电脑基本操作与应用	电脑维护·优化·安全设置与病毒防范	适合电脑的初、中级读者，以及对电脑有一定基础、需要进一步学习电脑办公技能的电脑爱好者与工作人员，也可作为大中专院校、各类电脑培训班的教材
	电脑系统安装·维护·备份与还原	
	PowerPoint 2010 幻灯片设计与制作	
	Excel 2013 公式·函数·图表与数据分析	
	电脑办公与高效应用	
图形图像与辅助设计	Photoshop CC 中文版图像处理基础教程	适合对电脑基础操作比较熟练，在图形图像及设计类软件方面需要进一步提高的读者，适合图像编辑爱好者、准备从事图形设计类的工作人员，也可作为大中专院校、各类电脑培训班的教材
	会声会影 X8 影片编辑与后期制作基础教程	
	AutoCAD 2016 中文版基础教程	
	CorelDRAW X6 中文版平面创意与设计	
	Flash CC 中文版动画制作基础教程	
	Dreamweaver CC 中文版网页设计与制作基础教程	
	Creo 2.0 中文版辅助设计入门与应用	
	Illustrator CS6 中文版平面设计与制作基础教程	
	UG NX 8.5 中文版基础教程	

■ 全程学习与工作指导

为了帮助您顺利学习、高效就业，如果您在学习与工作中遇到疑难问题，欢迎来信与我们及时交流与沟通，我们将全程免费答疑。希望我们的工作能够让您更加满意，希望我们的指导能够为您带来更大的收获，希望我们可以成为志同道合的朋友！

您可以通过以下方式与我们取得联系。

QQ 号码：18523650

读者服务 QQ 群号：185118229 和 128780298

电子邮箱：itmingjian@163.com

文杰书院网站：www.itbook.net.cn

最后，感谢您对本系列图书的支持，我们将再接再厉，努力为您奉献更加优秀的图书。衷心地祝愿您能早日成为电脑高手！

编　者

前　言

随着电脑技术在全球的推广与普及，电脑走进了千家万户，成为人们日常生活、工作、娱乐和通信中必不可少的工具。因此，熟练掌握电脑也成为人们必须具备的技能。为了帮助读者快速提升电脑的应用水平，本书在内容设计上主要以满足读者全面学习电脑知识为目的，帮助电脑初学者快速了解和应用电脑，以便在日常的学习和工作中学以致用。

本书在编写过程中根据电脑初学者的学习习惯，采用由浅入深、由易到难的方式讲解，同时，还随书附赠了多媒体教学光盘。全书结构清晰、内容丰富，其主要内容包括以下几个方面。

1. 了解电脑硬件

本书第 1～2 章，介绍了电脑的用途与分类、电脑的硬件设备、连接电脑硬件、键盘和鼠标的使用等知识。

2. 电脑的基本操作

本书第 3～7 章，介绍了 Windows 7 基础操作、管理电脑中的文件、设置个性化系统、Windows 7 系统常见附件、使用汉字输入法等知识。

3. 使用 Office 2013 办公软件组合

本书第 8～10 章，介绍了 Word 2013、Excel 2013 和 PowerPoint 2013 的使用方法，在每章的知识讲解过程中，结合了大量的精美实例，帮助读者快速掌握使用 Office 2013 办公软件的知识。

4. 上网冲浪与聊天

本书第 11～12 章，介绍了上网的方法，包括认识与使用互联网浏览并搜索网络信息、使用免费的网络资源、在网上聊天和收发电子邮件的方法。

5. 使用常用软件

本书第 13 章，介绍了常用电脑工具软件的使用方法，包括 ACDSee 看图软件、暴风影音、压缩软件 WinRAR、迅雷下载软件等常用软件。

6. 电脑维护与安全

本书第 14～15 章，介绍了电脑维护与优化的知识，同时还讲解了电脑病毒与木马、360 杀毒软件的使用、系统备份与还原、使用 Windows 7 防火墙等相关知识与操作。

本书由文杰书院编著，参与本书编写工作的有李军、袁帅、文雪、肖微微、李强、高桂华、蔺丹、张艳玲、李统财、安国英、贾亚军、蔺影、李伟、冯臣、宋艳辉等。

我们真切希望读者在阅读本书之后，可以开阔视野，增长实践操作技能，并从中学习

和总结操作的经验和规律，达到灵活运用的水平。鉴于编者水平有限，书中纰漏和考虑不周之处在所难免，热忱欢迎读者予以批评、指正，以便我们日后能为您编写更好的图书。

如果您在使用本书时遇到问题，可以访问网站 http://www.itbook.net.cn 或发邮件至 itmingjian@163.com 与我们交流和沟通。

编　者

目　录

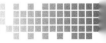

第  章

从零开始认识电脑

本章要点

- 📖 电脑的用途与分类
- 📖 认识电脑硬件
- 📖 认识电脑软件
- 📖 链接电脑硬件设备

本章主要内容

　　本章主要介绍电脑的基础知识，包括什么是电脑，电脑的基本用途，电脑的软、硬件系统，以及如何连接电脑硬件设备的操作方法。通过本章的学习，读者可以初步了解电脑的相关知识，为进一步学习和使用电脑奠定坚实的基础。

1.1 电脑的用途与分类

随着电子技术的发展，电脑已经成为人们日常生活、工作和学习中不可缺少的工具。本节将介绍什么是电脑和电脑的用途，帮助使用者快速认识电脑。

1.1.1 电脑的用途

人们使用电脑可以进行文本编辑、图片处理、数据计算、信息浏览、玩游戏、听歌、观看影视等操作，从而满足工作、生活和学习的需要。下面将介绍电脑的用途。

1. 文本编辑

在电脑中安装文字编辑软件，如 Word、Excel、写字板和记事本等，可以对文本进行编辑，包括设置文本格式和美化文本等操作，如图 1-1 所示。

2. 图片处理

在电脑中安装图片或图形处理软件，如 Photoshop、AutoCAD、CorelDRAW、Flash 等，可以处理图片、绘制图形和制作动画等，如图 1-2 所示。

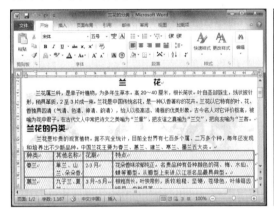 

图 1-1   图 1-2

3. 数据计算

在电脑中安装 Excel 后，可以对日常工作、学习和生活中的一些数据进行记录和处理，如计算、排序和筛选等，如图 1-3 所示。

4. 信息浏览

当电脑接入互联网后，可以查询新闻、天气和交通等信息，还可以在线观看电视、电影以及收听电台和音乐等，如图 1-4 所示。

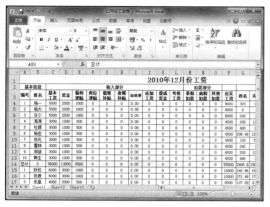

图 1-3

图 1-4

5. 玩游戏

Windows 系统中自带了一些游戏，包括红心大战、空当接龙、扫雷和纸牌等，可以在闲暇之余玩这些游戏，如图 1-5 所示。电脑接入互联网后，也可以在网络中玩游戏，如联众游戏、QQ 游戏和一些网络游戏等，如图 1-6 所示。

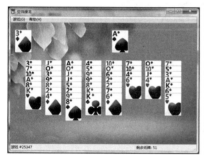

图 1-5

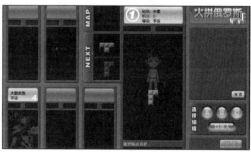

图 1-6

1.1.2 电脑的分类

电脑即计算机，英文名称为 Computer，是可以根据指令处理数据的机器，可以快速地对输入的信息进行存储和处理等操作。

按照电脑结构的不同可以将电脑分为台式电脑、笔记本电脑和平板电脑。台式电脑又称为台式机，一般包括电脑主机、显示器、鼠标和键盘，还可以连接打印机、扫描仪、音箱和摄像头等外部设备，如图 1-7 所示。

笔记本电脑又称手提式电脑，体积小，方便携带，而且还可以利用电池在没有连接外部电源的情况下使用，如图 1-8 所示。

平板电脑也叫平板计算机(Tablet Personal Computer，简称 Tablet PC、Flat PC、Tablet Slates)，是一种小型、方便携带的个人电脑，以触摸屏作为基本的输入设备。其拥有的触摸屏允许用户通过触控笔或数字笔进行操作而不是传统的键盘或鼠标。用户可以通过任意一种内建的手写识别、屏幕上的软键盘、语音识别实现输入，如图 1-9 所示。

图 1-7   图 1-8

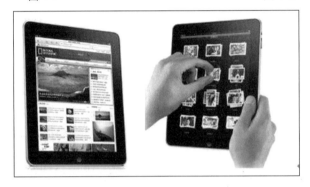

图 1-9

1.2 认识电脑硬件

电脑主要由两部分组成，分别为硬件系统和软件系统。电脑的硬件系统是指电脑的外观设备，如显示器、主机、键盘和鼠标等，了解其作用后方便对电脑的维修和保养。本节将介绍电脑的硬件系统。

1.2.1 主机

主机是电脑中的一个重要组成部分，电脑中的所有资料都存放在主机中。

主机内安装着电脑的主要部件，如电源、主板、CPU(Central Processing Unit，中央处理器)、内存、硬盘、光驱、声卡和显卡等，如图 1-10 所示。

机箱是主机内部部件的保护壳，外部显示常用的一些接口，如电源开关、指示灯、USB (Universal Serial Bus，通用串行总线)接口、电源接口、鼠标接口、键盘接口、耳机插口和麦克风插口等，如图 1-11 所示。

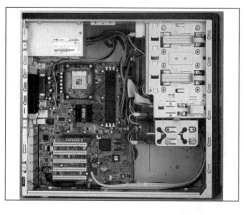

图 1-10 图 1-11

1.2.2 显示器

显示器也称监视器，用于显示电脑中的数据和图片等，是电脑中重要的输出设备之一。按照工作原理的不同可以将显示器分为 CRT 显示器(俗称纯平显示器)和 LCD 显示器(俗称液晶显示器)。如图 1-12 所示为 CRT 显示器，如图 1-13 所示为 LCD 显示器。

图 1-12 图 1-13

1.2.3 键盘和鼠标

键盘是电脑中重要的输入设备之一，用于将文本、数据和特殊字符等资料输入到电脑中。键盘上的按键数量一般在 101～110 个之间，通过紫色接口与主机相连。鼠标又称鼠标器，是电脑中最重要的输入设备之一，用于将指令输入到主机中。目前比较常见的鼠标为三键光电鼠标。如图 1-14 所示为常见的键盘和鼠标。

图 1-14

1.2.4 音箱

音箱是电脑主要的声音输出设备之一。常见的音响设备为组合式音响,其特点是价格便宜,适用普通人群购买,而且使用方便,一般连上电脑就可以直接使用。随着科技的不断发展,组合音响的音质也得到了很大提升,如图 1-15 所示。

图 1-15

1.2.5 摄像头

摄像头是一种电脑视频输入设备,用户可以使用摄像头进行视频聊天、视频会议等交流活动,同时还可以通过摄像头进行视频监控等操控工作,如图 1-16 所示。

图 1-16

1.3 认识电脑软件

电脑的软件系统包括系统软件和应用软件。系统软件用来维持电脑的正常运转,应用软件用来处理数据、图片、声音和视频等。本节将详细介绍电脑软件方面的知识。

1.3.1 系统软件

系统软件负责管理系统中的独立硬件,从而使这些硬件能够协调工作。系统软件由操作系统和支撑软件组成。操作系统用来管理软件和硬件的程序，包括 DOS、Windows、Linux 和 UNIX OS/2 等，如图 1-17 所示；支撑软件用来支撑软件的开发与维护，包括环境数据库、接口软件和工具组等，如图 1-18 所示。

图 1-17   图 1-18

1.3.2 应用软件

应用软件是解决具体问题的软件，如编辑文本、处理数据和绘图等，由通用软件和专用软件组成。通用软件是指广泛应用于各个行业的软件，如 Office、AutoCAD 和 Photoshop 等，如图 1-19 所示；专用软件是指为了解决某个特定的问题而开发的软件，如会计核算和订票软件等，如图 1-20 所示。

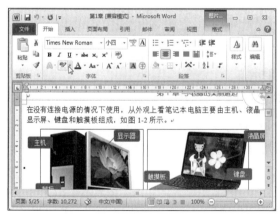

图 1-19   图 1-20

1.4　连接电脑硬件设备

在电脑主机箱的背面，有许多电脑部件的接口，如显示器、电源、鼠标和键盘等，通过这些接口可将硬件安装在主机中。本节将介绍连接电脑设备的操作方法，如连接显示器、键盘和鼠标等。

1.4.1 连接显示器

显示器是电脑中重要的输出设备,将其与主机相连后,才能显示主机中的内容。下面将介绍连接显示器的操作方法。

第1步 将连接显示器与主机的信号线插头插入主机对应的显示器接口,如图 1-21 所示。

第2步 将显示器信号线右侧的螺丝拧紧,将显示器信号线左侧的螺丝拧紧,如图 1-22 所示。

图 1-21

图 1-22

第3步 将显示器的电源线插头插入电源插座,通过以上方法即可完成连接显示器的操作,如图 1-23 所示。

图 1-23

1.4.2 连接键盘和鼠标

键盘和鼠标是电脑中重要的输入设备,将键盘和鼠标与主机相连后,才可正常使用。下面将介绍连接键盘和鼠标的操作方法。

第1步 将键盘线的插头插入主机背面的紫色接口中,如图 1-24 所示。

第2步 将鼠标线的插头插入主机背面的绿色接口中,通过以上操作即可完成连接鼠标的操作,如图 1-25 所示。

图 1-24　　　　　　　　　　　　　　　图 1-25

1.4.3　连接电源

电源即电源线，是传输电流的电线。电源提供电能，连接好电源，电脑才能正常开启并运转。下面介绍将电源线连接到电脑主机的操作方法。

第 1 步　将电源线的一端与主机电源接口相连，如图 1-26 所示。

第 2 步　将电源线的另一端与插座相连，完成以上操作即可将电源线连接到电脑主机上，如图 1-27 所示。

图 1-26　　　　　　　　　　　　　　　图 1-27

1.5　实践案例与上机指导

通过本章的学习，用户可以掌握电脑的用途，并对电脑的组成和连接电脑设备的方法有所了解。下面通过几个上机实例达到巩固学习、拓展提高的目的。

1.5.1　连接打印机

打印机是计算机的输出设备之一，用于将计算机处理的结果打印在相关介质上。使用打印机可以将数码照片、文稿、表格或图形等内容呈现在纸张上，从而便于使用或保存。

打印机的安装一般分为两个部分，一个是打印机跟电脑的连接，另一个就是在操作系统里面安装打印机的驱动程序。下面介绍连接打印机的操作方法。

第 1 步　将打印机信号线一端的插头插入打印机接口中，如图 1-28 所示。

第 2 步　将打印机信号线另一端的插头插入主机背面的 USB 接口中，并将打印机一端的电源线插头插入打印机背面的电源接口中，另一端插在电源插座上，这样即完成了连接打印机的操作，如图 1-29 所示。

图 1-28　　　　　　　　　　　　　　　　图 1-29

1.5.2　Windows 7 系统组合键

Windows 7 系统有很多组合键，本节将详细介绍 Windows 7 常用的键盘组合键。

1. 打开资源管理器

在 Windows 7 桌面环境的任意窗口中，在键盘上按 Windows ⊞+E 组合键就可以实现快速打开资源管理器窗口的操作。

2. 打开运行对话框

在 Windows 7 桌面环境的任意窗口内，在键盘上按 Windows ⊞+R 组合键就可以实现快速打开运行对话框的操作。

3. 打开任务管理器

在 Windows 7 桌面环境下的任意窗口内，在键盘上按 Ctrl+Alt+Delete 组合键就可以实现快速打开任务管理器窗口的操作。

4. 切换窗口

在 Windows 7 桌面环境下的任意窗口内，在键盘上按住 Alt 键并连续按 Tab 键，就可以实现在已打开的窗口间随意切换的操作，但是不能切换到已关闭的窗口。

5. 快速查看属性

在 Windows 7 桌面环境下的系统桌面或任意资源管理器内，在键盘上按 Alt 键，同时用鼠标指针选中用户所要查看的文件，双击鼠标，就可以快速查看文件属性；或用鼠标选中用户所要查看的文件，按 Alt+Enter 组合键也可以快速查看文件属性。

6. 显示桌面

在 Windows 7 桌面环境下的任意窗口内，按 Windows ⊞+D 组合键，可以实现快速切换到 Windows 系统桌面的操作，再按 Windows ⊞+D 组合键可以实现快速切换回之前窗口的操作。

7. 关闭当前窗口或退出程序

在 Windows 7 桌面环境下的任意窗口内，按 Alt+F4 组合键，可以实现快速关闭当前窗口或退出当前程序的操作。

8. 用另一种方法打开【开始】菜单

除了在键盘上直接按 Windows 键和单击【开始】按钮 这两种方法可以实现快速打开【开始】菜单的操作以外，只要在 Windows 7 桌面环境下的任意窗口内，按 Ctrl+Esc 组合键同样也可以实现快速打开【开始】菜单的操作。

9. 打开搜索窗口

在 Windows 7 桌面环境的任意窗口内，在键盘上按 Windows +F 组合键就可以实现快速打开搜索窗口的操作。

10. 回到登录窗口

在 Windows 7 桌面环境的任意窗口内，在键盘上按 Windows +L 组合键就可以实现锁定计算机，回到登录界面的功能。

11. 最小化当前窗口

在 Windows 7 桌面环境的任意窗口内，在键盘上按 Windows +M 组合键就可以实现最小化当前窗口的功能。

12. 重命名选中项目

在 Windows 7 桌面环境的任意窗口内，在键盘上按 F2 键就可以实现重命名选中项目的功能。

1.5.3　如何安装台式机内存条

用户在购买台式机时会出现需要安装内存条，或是为了增加电脑内存容量需要安装内存条的情况。下面详细介绍安装台式机内存条的操作步骤。

第 1 步　准备好内存条，在安装之前，需要将内存条擦拭干净。可以使用干净的棉签蘸取少量酒精擦拭，不可以用水，如图 1-30 所示。

第 2 步　打开内存插槽后，将内存条垂直插入内存插槽内，直到内存插槽两头的保险栓自动卡住内存条两侧的缺口才能完成安装内存条的操作，如图 1-31 所示。

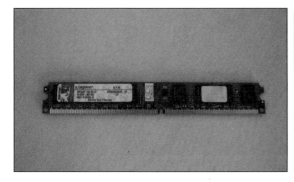

图 1-30

图 1-31

1.6 思考与练习

一、填空题

1. 电脑的用途包括文本编辑、_____、_____、信息浏览、玩游戏等。

2. 按照电脑结构的不同，可以将电脑分为台式电脑、_____和_____。

3. 电脑主机内安装着电脑的主要部件，如电源、_____、CPU、_____、硬盘、光驱、声卡和_____等。

4. 电脑机箱是主机内部部件的保护壳，外部显示常用的一些接口，如电源开关、指示灯、_____、电源接口、_____、键盘接口、耳机插口和_____等。

二、判断题

1. 电脑即计算机，英文名称为 Computer，是可以根据指令处理数据的机器，可以快速地对输入的信息进行存储和处理等操作。　　　　　　　　　　　（　　）

2. 台式电脑又称为台式机，一般包括电脑主机、显示器、鼠标和键盘，还可以连接打印机、扫描仪、音箱和摄像头等外部设备。　　　　　　　　　　　（　　）

3. 电脑主要由两部分组成，分别为硬件系统和软件系统。　　　　　　（　　）

4. 系统软件负责管理系统中的非独立硬件，从而使这些硬件能够协调地工作。（　　）

三、思考题

1. 如何连接显示器？

2. 如何连接打印机？

新起点
电脑教程

第 2 章

用键盘和鼠标控制电脑

本章要点

- 📖 认识键盘
- 📖 使用键盘的方法
- 📖 认识鼠标
- 📖 使用鼠标的方法

本章主要内容

本章主要介绍键盘和鼠标的相关知识，包括认识键盘、使用键盘的方法、认识鼠标、使用鼠标的方法，以及选购鼠标的技巧。通过本章的学习，读者可以初步了解有关键盘和鼠标的相关知识，为进一步学习和使用电脑奠定坚实的基础。

2.1 认识键盘

键盘是电脑中重要的输入设备之一，其硬件接口有普通接口和 USB 接口两种。键盘主要分为主键盘区、功能键区、编辑键区、数字键区和状态指示灯区 5 个部分。本节将详细介绍键盘的组成部分。

2.1.1 主键盘区

主键盘区主要用于输入字母、数字、符号和汉字等，由 26 个字母键、14 个控制键、11个符号键和 10 个数字键组成。下面详细介绍主键盘区的组成部分及功能，如图 2-1 所示。

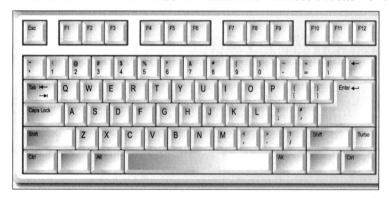

图 2-1

1. 符号键

符号键位于主键盘区的两侧，共有 11 个键，直接按下符号键可以输入键面下方的符号。在键盘上按 Shift 键的同时按数字键，可以输入键面上方显示的符号，如图 2-2 所示。

图 2-2

2. 字母键

字母键从 A～Z 共有 26 个，主要用于输入英文字符或汉字等内容，如图 2-3 所示。

图 2-3

3. 数字键

在主键盘的上方，有 0～9 10 个数字按键，用于输入数字，如图 2-4 所示。在输入汉字时，也需要配合数字键来选择准备要输入的汉字。

图 2-4

4. 控制键

控制键位于主键盘区的下方和两侧，共有 14 个键，主要用于执行一些特定操作，如图 2-5 所示。

图 2-5

> Tab 键：制表键，位于键盘左上方。按下此键可使光标向左或者向右移动一个制表的位置(默认为 8 个字符)。

> Caps Lock 键：大写字母锁定键，位于键盘左侧，用于切换英文字母的大小写输入状态。

> Shift 键：上档键，共有两个，位于字母键两侧，用于输入符号键和数字键上方的符号。与字母键组合使用，则输入的大小写字母与当前键盘所处的状态相反；与数字键或者符号键组合，则输入的是键面上方的符号。

> Ctrl 键：控制键，共有两个，分别位于主键盘区的左下方和右下方。控制键不能单独使用，必须与其他键组合使用，才能完成特定功能。

> Alt 键：转换键，共有两个，位于主键盘区的下方。转换键不能单独使用，必须与其他键组合使用，才能完成特定功能。

> Space 键：空格键，位于键盘下方，是键盘上最长的按键，用来输入空格。

> Back Space 键：退位键，位于主键盘区的右上方，用于删除光标左侧的字符。按下此键后，光标向左退一格，并删除光标前的一个字符。

> ➢ Enter 键：回车键，位于退位键 Back Space 下方，用于结束输入行，并将光标移到下一行。
> ➢ ⊞键：Windows 键，共有两个，位于主键盘区的下方，用于打开 Windows 操作系统的【开始】菜单。
> ➢ ▣键：快捷菜单键，位于主键盘区的右下方，按下此键会弹出一个快捷菜单，相当于在 Windows 环境下鼠标右击弹出的快捷菜单。

2.1.2 功能键区

功能键区位于键盘的上方，由 16 个键组成，主要用于完成一些特定的功能，如图 2-6 所示。

图 2-6

> ➢ Esc 键：取消键，用于取消或中止某项操作。
> ➢ F1～F12 键：特殊功能键，被均匀分成三组，为一些功能的快捷键，在不同软件中有不同的作用。一般情况下，F1 键常用于打开帮助信息。
> ➢ Power 键：电源键，用于直接关闭电脑。
> ➢ Sleep 键：休眠键，按下此键可使操作系统进入休眠状态。
> ➢ Wake Up 键：唤醒键，用于将系统从"睡眠"状态中唤醒。

2.1.3 编辑键区

编辑键区位于主键盘区右侧，由 9 个编辑键和 4 个方向键组成，主要用来移动光标和翻页，如图 2-7 与图 2-8 所示。

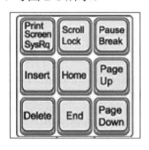

图 2-7

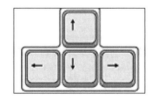

图 2-8

> ➢ Print Screen 键：屏幕打印键，按下该键，屏幕上的内容即被复制到内存缓冲区中。
> ➢ Scroll Lock 键：滚屏锁定键，当电脑屏幕处于滚屏状态时按下该键，可以让屏幕中显示的内容不再滚动，再次按下该键则可取消滚屏锁定。
> ➢ Pause Break 键：暂停键，按下此键可以暂停屏幕的滚动显示。
> ➢ Insert 键：插入键，位于控制键区的左上方，用于改变输入状态。在键盘上按下该

键，电脑文字的输入状态在"插入"和"改写"状态之间切换。

- ➢ Delete 键：删除键，用于删除光标右侧的字符。
- ➢ Home 键：首键，用于将光标定位在所在行的行首。
- ➢ End 键：尾键，用于将光标定位在所在行的行尾。
- ➢ Page Up：向上翻页键，按下该键屏幕中的内容向前翻一页。
- ➢ Page Down 键：向下翻页键，按下该键屏幕中的内容向后翻一页。
- ➢ ↑键：光标上移键，按下该键光标上移一行。
- ➢ ↓键：光标下移键，按下该键光标下移一行。
- ➢ ←键：光标左移键，按下该键光标左移一个字符。
- ➢ →键：光标右移键，按下该键光标右移一个字符。

2.1.4　数字键区

数字键区即小键盘区，位于键盘右侧，共包括 17 个键位，用于输入数字以及加、减、乘、除等运算符号，如图 2-9 所示。数字键区有数字键和编辑键的双重功能，当在键盘上按下锁定数字键区的 NumLock 键后，数字键区的键就只具有键面下方显示的编辑键的功能。

图 2-9

2.1.5　状态指示灯区

状态指示灯区位于数字键区的上方，共有 3 个状态指示灯，如图 2-10 所示，分别为数字键盘锁定灯、大写字母锁定灯和滚屏锁定灯。

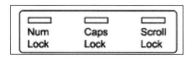

图 2-10

- ➢ Num Lock：数字键盘锁定灯。当该灯亮时，表示数字键盘的数字键处于可用状态。
- ➢ Caps Lock：大写字母锁定灯。当该灯亮时，表示当前为输入大写字母的状态。
- ➢ Scroll Lock：滚屏锁定灯。当该灯亮时，表示在 Dos 状态下可使屏幕滚动显示。

2.2　使用键盘的方法

　　键盘是电脑中最重要的输入设备，学会正确使用键盘的方法，可以减少操作疲劳，提高工作效率。本节将介绍正确使用键盘的方法，如手指的键位分工、正确的打字姿势和击键的方法等。

2.2.1　正确的打字姿势

　　如果长时间在电脑前工作、学习或娱乐，很容易疲劳，学会正确的打字姿势能有效地减少疲劳感。下面将介绍正确的打字姿势，如图 2-11 所示。

图 2-11

> ➢ 面向电脑平坐在椅子上，腰背挺直，全身放松。双手自然放置在键盘上，身体稍微前倾，双脚自然垂地。
> ➢ 电脑屏幕的最上方应比打字者的水平视线低，眼睛距离电脑屏幕至少要有一个手臂的距离。
> ➢ 身体直立，大腿保持与前手臂平行的姿势，手、手腕和手肘保持在一条直线上。
> ➢ 椅子的高度与手肘保持 90 度弯曲，手指能够自然地放在键盘的正上方。
> ➢ 使用文稿时，将文稿放置在键盘的左侧，眼睛盯着文稿和电脑屏幕，不能盯着键盘。

2.2.2　手指的键位分工

　　使用键盘进行操作时，双手的 10 个手指在键盘上应有明确的分工，使用正确的键位分工可以减少手指疲劳，增加打字速度而且有助于"盲打"。

1. 基准键位

　　基准键位位于主键盘区，是打字时确定其他键位置的标准，如图 2-12 所示。

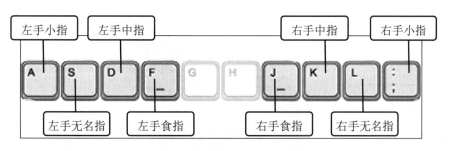

图 2-12

基准键共有 8 个，分别是 A、S、D、F、J、K、L 和"；"，其中在 F 和 J 键上分别有一个凸起的横杠，有助于盲打时手指的定位。

2. 其他键位

按照基准键位放好手指后，其他手指的按键位于该手指所在基准键位的斜上方或斜下方，大拇指放在空格键上，手指的具体分工如图 2-13 所示。

图 2-13

2.3　认　识　鼠　标

鼠标是电脑中重要的输入设备之一，使用鼠标可以迅速地向电脑发布命令，从而快速地执行各种操作。本节将介绍有关鼠标方面的知识。

2.3.1　鼠标的外观

鼠标的外观酷似小老鼠，因此得名鼠标。按照鼠标的按键数量来说，目前比较常用的鼠标为三键鼠标，其按键包括鼠标左键、鼠标中键和鼠标右键，如图 2-14 所示。

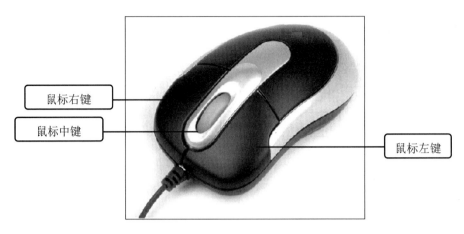

鼠标右键

鼠标中键

鼠标左键

图 2-14

2.3.2 鼠标的分类

鼠标按照工作原理可以分为机械鼠标、光电鼠标和轨迹球鼠标。轨迹球鼠标的可靠性和精确度比较高，使用时需要一块专用的反射板，但这类鼠标的分辨率不易提高，所以家庭电脑用户几乎没有选择这类鼠标的。机械鼠标主要由滚球、辊柱和光栅信号传感器组成，这类鼠标灵敏度低、磨损大，所以已经被淘汰。光电鼠标用光电传感器代替了滚球，并且传感器需要特质的、带有条纹或点状图案的垫板配合使用。

按照外形鼠标可分为两键鼠标、三键鼠标、滚轴鼠标和感应鼠标，其中两键鼠标已很少有人使用。

按照与主机有无连接的连线，鼠标可以分为有线鼠标和无线鼠标。

另外还有 3D 鼠标。

2.4　使用鼠标的方法

电脑中大部分的操作命令都要通过鼠标才能完成，所以懂得鼠标的使用方法是熟练应用电脑的前提条件，也是必须掌握的技能之一。本节将详细介绍鼠标的使用方法。

2.4.1 正确把握鼠标的方法

使用鼠标进行电脑操作时，如果能够正确地把握鼠标，则可以减少对手的伤害，并可以延长鼠标的使用寿命。下面介绍正确把握鼠标的方法。

使用鼠标的时候，右手的掌心要轻轻地压住鼠标，大拇指和小指自然地垂放在鼠标的两侧，食指和中指分别轻轻置于控制鼠标上方的左键和右键上，右手无名指自然垂下，如图 2-15 所示。

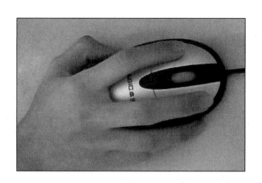

图 2-15

2.4.2　鼠标的基本操作

鼠标的基本操作有 5 种，分别为移动、单击、右击、双击和拖动。掌握鼠标的基本操作可以直接向电脑发布命令。下面介绍鼠标的基本操作。

1. 移动

移动鼠标是指在 Windows 7 操作系统中，将鼠标指针从一个位置移动到另一个位置的过程，从而继续进行其他鼠标操作的过程。

2. 单击

单击亦称左键单击，是将鼠标指针移动到准备单击的对象上方，按下鼠标左键的过程。

3. 右击

右击也称右键单击，是指将鼠标指针移动到准备右键单击的对象上方，单击鼠标右键的过程。

4. 双击

双击是指将鼠标指针移动到准备双击的对象上方，连续两次按下鼠标左键的过程。

5. 拖动

拖动是指将鼠标指针定位在准备拖动的对象上方，按住鼠标左键不放，移动鼠标指针至目标位置的过程。

2.5　实践案例与上机指导

通过本章的学习，读者基本可以掌握键盘和鼠标的基本知识以及一些常见的操作方法，下面通过练习操作，以达到巩固学习、拓展提高的目的。

2.5.1　如何处理键盘输入故障

当正常启动机器后，在输入框中输入某个按键的字符时，显示出来的并不是本位键上的字符，而是其他键位的字符。这种情况一般是由按键的连线松动或脱落，造成键码串位所致。解决这种问题只需打开键盘，检查按键连线，查出故障位置，调整正确后拧紧键盘上的螺丝就可以了。

2.5.2　如何处理键盘接口损坏

有时，键盘的接口坏了，输入不了文本。这时就需要把键盘拆开。把键帽取下，滴入一两滴酒精，装上键帽，反复敲击几次。如果还不能输入信息，则说明弹簧失效，这时就需要修理弹簧或更换新键盘。

一般情况下主板上的键盘接口接上键盘后，虽然不被经常插拔，不容易损坏，但在实际工作中键盘接口损坏的情况非常多，大多表现为偶尔启动计算机时主机报告键盘错误，按 F1 键能继续正常操作，后来键盘就有时能用有时不能用，最后键盘彻底坏掉，即使更换键盘还是同样的故障。如果出现这种情况，这时可以排除是键盘坏了，进而断定是主板上的键盘接口有问题。

一般键盘是由南桥通过专用的外设芯片控制的，也有的是直接通过南桥芯片控制的。如果外设芯片损坏，也会表现为键盘不能使用。如果键盘、鼠标和 USB 接口的供电不正常，都会表现为键盘不能使用；也有因为键盘接口接触不良造成键盘时而能用时而不能用的情况。

2.5.3　如何清理键盘灰尘

键盘使用久了，无论是键盘表面还是键盘的内部，都会积满灰尘。为了延长键盘的使用寿命，用户需要定期清理键盘上的灰尘。通常将键盘反过来轻轻拍打，就可以让其内的灰尘落出；也可以用湿布清洗键盘表面，但注意湿布一定要拧干，以防水进入键盘内部。

使用时间较长的键盘需要拆开进行维护。拆卸键盘比较简单，拔下键盘与主机连接的电缆插头，然后将键盘正面向下放到工作台上，拧下底板上的螺钉，即可取下键盘的后盖板。如果是清理键盘的内部，一定记着不要用水来清洗，因为水很容易腐蚀键盘里面的金属，一定要用酒精清洗，或用油漆刷、油画笔扫除电路板和键盘按键上的灰尘。在键盘清洗后没有完全晾干时，切忌急着拿去使用，键盘没干就使用很容易把键盘烧坏。

在清洗或者擦拭之后，就可以对其进行安装还原了。安装还原时注意要等按键、前面板、橡胶垫全部晾干以后，方能还原键盘，否则会导致键盘内触点生锈。另外安装时要注意对准里面的位置，否则会导致按键无法接通。

2.5.4　如何处理个别按键不能正常输入

计算机启动时自检正常，但启动后，有个别的键不能键入。这种情况说明输盘上的电路、主机键盘控制接口是正常的。个别键不能输入的原因可能是该键键座内的弹簧失效或者是按键内被灰尘污染。这时只要打开键盘，用干毛巾擦一擦按键与金属接触的地方，如果弹簧坏了，就要小心地将其扭正。如果还是不能正常使用，就需要更换一个新键盘。

2.5.5　鼠标的选购技巧

鼠标的选购主要由用途决定，一般的家庭、办公用鼠标可选择普通的二键或三键鼠标，如图 2-16 所示。

如果是供专业的图形图像处理用，则建议使用专业级别的鼠标。最好是有第二轨迹球、第三或四键要求更高的专业鼠标。这种专业级别的鼠标有更多功能，对处理专业业务有事半功倍的效率，如图 2-17 所示。

图 2-16

图 2-17

如果用户经常使用笔记本电脑和投影仪做演讲，那么就应该使用遥控轨迹球鼠标。这种无线鼠标往往能发挥有线鼠标难以企及的作用，也可以省去带投影笔的麻烦，如图 2-18 所示。

鼠标 DPI(分辨率)是指鼠标的定位精度，单位是 dpi 或 cpi，指鼠标移动中，每移动一英寸能准确定位的最大信息数。随着显卡性能的提高，大尺寸显示器的日渐普及，高 DPI 鼠标也流行开来。在网络大型游戏中，鼠标的 DPI 越高，反应速度就越快，理由是当鼠标从 A 点移动到 B 点，高 DPI 鼠标的移动距离要比低 DPI 鼠标小很多，图 2-19 所示为分辨率高达 5700dpi 的罗技 G500 鼠标。

图 2-18

图 2-19

2.6 思考与练习

一、填空题

1. 主键盘区主要用于输入字母、_____、符号和汉字等，分别由 26 个字母按键、_____、11 个符号按键和_____组成。

2. 通常编辑键区位于主键盘区_____，有 9 个编辑按键和_____，主要用来移动光标和_____。

3. 上档键共有_____，位于字母键两侧，用于_____和数字键上方的符号。与字母键组合使用，则输入的大小写字母与当前键盘所处的状态相反；与_____或者_____组合，则输入的是键面上方的符号。

4. 鼠标按照外形可以分为两键鼠标、_____、滚轴鼠标和_____，其中两键鼠标已很少有人使用。按照有无与主机连接的连线可以分为有线鼠标和_____。

二、判断题

1. 当电脑屏幕处于滚屏状态时按下滚屏锁定键，可以让屏幕中显示的内容不再滚动，再次按下该键则可取消滚屏锁定。 （ ）

2. 使用文稿时，将文稿放置在键盘的左侧，眼睛盯着文稿和电脑屏幕，也可以盯着键盘。 （ ）

3. 鼠标的外观酷似小老鼠，因此得名鼠标。按照鼠标的按键数量来说，目前比较常用的鼠标为三键鼠标，其按键包括鼠标左键、鼠标中键和鼠标右键。 （ ）

4. 使用鼠标的时候，右手的掌心要轻轻地压住鼠标，大拇指和小指自然地垂放在鼠标的两侧，食指和中指分别轻轻置于控制鼠标上方的左键和右键上，右手无名指自然垂下。 （ ）

5. 删除键用于删除光标右侧的字符。 （ ）

三、思考题

1. 如何处理键盘输入故障？
2. 如何清理键盘灰尘？

新起点电脑教程

第 **3** 章

Windows 7 基础操作

本章要点

- 启动 Windows 7 系统
- 退出 Windows 7 系统
- 认识 Windows 7 窗口
- 认识菜单和对话框

本章主要内容

本章主要介绍了启动 Windows 7 系统、退出 Windows 7 系统、认识 Windows 7 窗口、认识菜单和对话框方面的知识与技巧。同时，还讲解了如何添加快捷方式图标，以及如何调整任务栏大小。通过本章的学习，读者可以掌握 Windows 7 系统基础操作方面的知识，为深入学习电脑知识奠定基础。

3.1 Windows 7 的启动与退出

Windows 7 系统拥有更为时尚的界面，它的任务栏和窗口都进行了全新的改善。使用 Windows 系统进行办公首先应学会 Windows 7 的启动与退出方法。在本节中将介绍 Windows 7 的启动与退出的相关操作。

3.1.1 启动 Windows 7 系统

Windows 7 操作系统的任务栏和窗口都进行了全新的改善，使用户有焕然一新的感觉。下面介绍启动 Windows 7 的相关操作方法。

第 1 步 打开显示器的电源开关，再按下主机上的电源按钮，显示器的屏幕上就会出现 Windows 7 正在启动的界面，如图 3-1 所示。

第 2 步 显示器屏幕上出现欢迎使用 Windows 7 旗舰版界面，如图 3-2 所示。

图 3-1　　　　　　　　　　　　　图 3-2

第 3 步 启动 Windows 7 的操作完成，如图 3-3 所示。

图 3-3

3.1.2 退出与关闭 Windows 7 系统

在退出 Windows 7 系统时，为了方便用户登录系统进行操作，Windows 7 提供了注销和切换用户的功能。下面详细介绍退出 Windows 7 的操作方法。

1. 注销

注销就是注销当前用户身份，让其他用户登录 Windows 7 操作系统。下面详细介绍注销 Windows 7 的操作步骤。

第 1 步　在 Windows 系统桌面上，**1.** 单击【开始】按钮，**2.** 在弹出的菜单中单击【关机】按钮右侧的三角按钮，**3.** 在弹出的子菜单中选择【注销】菜单项，如图 3-4 所示。

第 2 步　注销 Windows 7 的操作完成，如图 3-5 所示。

图 3-4

图 3-5

2. 切换用户

如果准备在保留当前工作环境的前提下，又允许别人能登录 Windows 7 操作系统，那么就可以使用"切换用户"的操作。下面详细介绍切换用户的操作步骤。

第 1 步　在 Windows 系统桌面上，**1.** 单击【开始】按钮，**2.** 在弹出的菜单中单击【关机】按钮右侧的三角按钮，**3.** 在弹出的子菜单中选择【切换用户】菜单项，如图 3-6 所示。

第 2 步　显示器屏幕出现"切换用户"的界面，选择需要登录的用户，在 Windows 7 中切换用户的操作完成，如图 3-7 所示。

图 3-6

图 3-7

　知识精讲

　　使用 Windows 7 操作系统中的【锁定】功能，可以暂时锁定电脑，防止离开电脑时他人操作自己的电脑。若要解除锁定状态，只需输入正确的密码即可。

3. 关机

在 Windows 7 系统桌面中，**1.** 单击【开始】按钮，**2.** 在弹出的【开始】菜单中单击【关机】按钮即可关机，如图 3-8 所示。

图 3-8

4. 睡眠

睡眠是指在 Windows 7 操作系统中，快速将工作和设置保存在内存中，将电脑置于低功耗状态。休眠后再次打开电脑后，会自动还原电脑中原来的工作窗口和设置。

在 Windows 7 系统桌面中 **1.** 单击【开始】按钮，**2.** 在弹出的开始菜单中单击【关机】按钮右侧向右的箭头，**3.** 选择【睡眠】菜单项即可将电脑设置为睡眠状态，如图 3-9 所示。

图 3-9

3.2　Windows 7 桌面的组成

启动 Windows 7 后，应该先从初步使用 Windows 7 的知识学起。初步使用 Windows 7 包括认识桌面和认识【开始】菜单。在本节中将介绍认识桌面和【开始】菜单的相关操作。

3.2.1　桌面背景

登录 Windows 7 系统后，出现在眼前的就是系统桌面，也叫桌面。用户完成各种工作都是在桌面上进行的。Windows 7 桌面的各个组成部分如图 3-10 所示。

➢ 桌面图标：可以自行调整，在 Windows 7 操作系统中，除【回收站】桌面图标外，其他的桌面图标都可以删除。

➢ 桌面背景：是 Windows 7 桌面的背景图案，可以自行设置桌面的背景图案。

➢ 【开始】按钮：【开始】按钮包括所有程序和桌面图标。

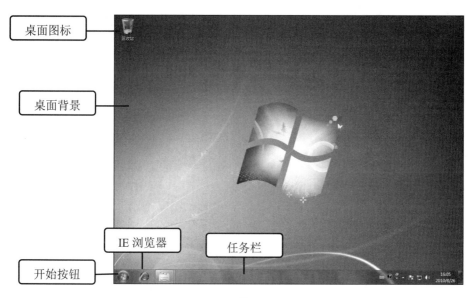

图 3-10

> IE 浏览器：是 Windows 操作系统的一个组成部分。
> 任务栏：位于桌面最下方，主要由【开始】菜单、快速启动工具栏、应用程序按钮、通知区域，以及【显示桌面】按钮组成。

3.2.2　【开始】按钮

位于桌面左下角的【开始】按钮 是 Windows 7 操作系统程序的启动按钮。单击【开始】按钮，将弹出【开始】菜单。【开始】菜单是 Windows 7 中很多操作的入口，其中汇集了电脑中的常用程序、文件夹和选项设置等内容。

通过【开始】菜单，用户可以访问硬盘上的文件或者运行安装好的程序。下面介绍【开始】菜单的主要组成部分，如图 3-11 所示。

> 快速启动栏：单击快速启动栏中的快捷图标按钮，可以进入相应的操作界面。
> 当前用户图标：双击【当前用户图标】按钮 ，可以设置账户密码、更改图片、更改账户名称、更改用户账户控制设置、管理其他账户等。
> 系统控制区：是指可以控制系统应用程序的区域，安装 Windows 7 后，Windows 7 操作系统会自动安装一些应用程序，如游戏、设备和打印机等。
> 所有程序菜单：所有程序菜单集合了计算机中的所有程序，单击【所有程序】箭头 ，可以查看所有程序子菜单项。
> 搜索栏：使用该功能搜索，能够快速地找到计算机上的程序和文件，如果对 Windows 7 操作系统默认搜索范围不满意，那么可以自行设置搜索范围。

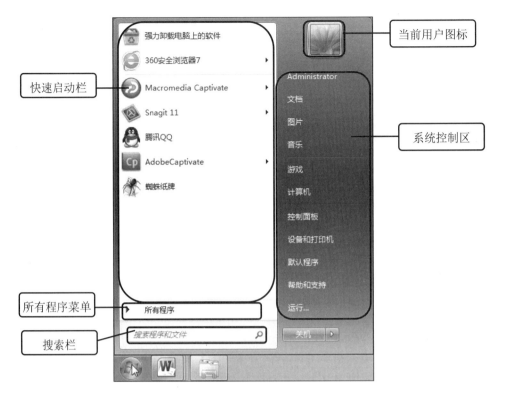

图 3-11

3.2.3 图标

桌面图标是指在 Windows 7 桌面中显示的，可以打开某些特定窗口和对话框，或启动一些程序的快捷方式。桌面图标又分为系统图标和快捷方式图标，下面予以详细介绍。

1. 系统图标

系统图标是系统自带的图标，包括用户的文件、计算机、网络、控制面板和回收站等，这些图标可被隐藏或显示，如图 3-12 所示。

图 3-12

2. 快捷方式图标

快捷方式图标是指在安装一些程序时，放置到桌面中的自己定义的文件或程序的快捷方式。删除快捷方式图标不影响该程序在电脑上的使用。利用快捷方式图标可以快速地打开文件或启动程序，如图 3-13 所示。

图 3-13

3.2.4　快速启动工具栏

快速启动工具栏位于【开始】按钮右侧，默认情况下显示为 Internet Explorer 图标、和 Windows Media Player 图标，单击相应的图标可以启动相应的程序，如图 3-14 所示。

图 3-14

3.2.5　任务栏

任务栏位于界面最下方，提供了快速切换应用程序、文档及其他窗口的功能。任务栏包括【开始】按钮、快速启动工具栏、任务按钮区、语言栏、通知区域和【显示桌面】按钮等 5 个部分，如图 3-15 所示。

图 3-15

> 【开始】按钮：位于任务栏左侧，单击该按钮可以弹出【开始】菜单，利用其中的菜单项可以进行相应的操作。

> 任务按钮区：位于任务栏的中部，显示 Windows 7 中的应用程序或窗口按钮，用于在不同的程序或窗口中进行切换。

> 语言栏：位于任务按钮区右侧，用于切换或设置输入法。

> 通知区域：位于任务栏的右侧，可以显示一些程序的运行状态、快捷方式和系统图标等。

> 【显示桌面】按钮：位于任务栏最右侧，单击该按钮可以快速显示桌面。

3.3　认识 Windows 7 窗口

在 Windows 7 操作系统中，窗口是指可以放大、缩小、关闭或移动的特定区域。在 Windows 7 操作系统中进行操作时会打开某些窗口，本节将介绍有关 Windows 7 窗口方面的

新起点电脑教程 电脑入门基础教程(Windows 7+Office 2013 版)

知识。

3.3.1 启动与退出应用程序

电脑程序安装完成后，即可启动程序，下面详细介绍启动应用程序的方法。

第1步 在 Windows 7 系统桌面上，**1.** 单击【开始】按钮，弹出【开始】菜单，**2.** 将鼠标指针移至【所有程序】菜单项上，如图 3-16 所示。

第2步 在弹出的【所有程序】菜单中，单击准备打开的程序名称即可打开程序，如图 3-17 所示。

图 3-16

图 3-17

当用户不需要使用某个程序时，可以退出程序以免占用电脑内存或拖慢电脑运行速度。退出程序的方法非常简单，只需单击程序右上角的【关闭】按钮 即可。

3.3.2 窗口的组成

在 Windows 7 中，窗口由控制按钮区、前进和返回按钮区、地址栏、搜索栏、菜单栏、工具栏、导航空格、工作区和细节空格等组成，如图 3-18 所示。

1. 控制按钮区

控制按钮区位于窗口的右上方，显示【最小化】按钮 、【最大化】按钮 、【向下还原】按钮 和【关闭】按钮 ，用于移动窗口、改变窗口大小和关闭窗口等操作。

2. 前进和返回按钮区

前进和返回按钮区位于窗口的左上方，包括【返回】按钮 、【前进】按钮 和向下箭头，用于在各个窗口间的切换。

3. 地址栏

地址栏位于窗口上方，用于显示和输入当前窗口的地址。在地址栏右侧单击【刷新】按钮 可以刷新当前页面。

4. 搜索栏

搜索栏位于窗口右上方，用于搜索在该窗口中的文件。在搜索栏中输入搜索内容，在键盘上按 Enter 键即可进行文件的搜索。

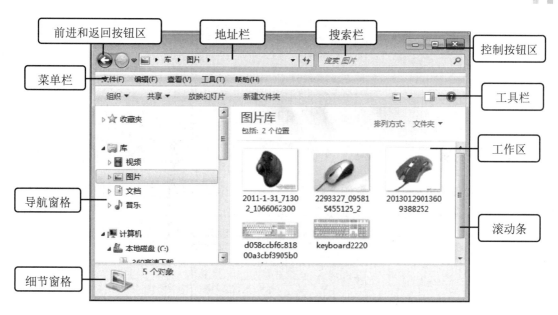

图 3-18

5. 菜单栏

在键盘上按 Alt 键，可在窗口上方显示菜单栏，共包括【文件】、【编辑】、【查看】、【工具】和【帮助】等 5 个主菜单项，用于执行相应的操作。

6. 工具栏

工具栏位于窗口的上方，提供了一些基于窗口内容的基本操作工具，用于执行一些基本的操作。

7. 导航窗格

导航窗口位于窗口的左侧，以树状结构显示了文件夹列表和一些辅助信息，从而方便用户快速定位所需的内容。

8. 工作区

工作区位于窗口的中间位置，是窗口的主体，用于显示该窗口中的主要内容，如文件夹、磁盘驱动器、图片、视频和声音等。

9. 细节窗格

细节窗口位于窗口的最下方，用于显示当前操作的状态及提示信息，或用于显示当前选中对象的详细信息。

3.3.3　最大化与最小化窗口

在 Windows 7 中进行窗口操作时，如果发觉窗口不符合使用需要，可以调整窗口的大小。单击窗口右上角的【最大化】按钮，即可将窗口最大化，单击窗口右上角的【最小化】按钮，即可将窗口最小化到任务栏，如图 3-19 所示。

图 3-19

3.3.4　关闭窗口

如果不准备在窗口中进行操作，则可关闭窗口。在窗口右上方的按钮控制区单击【关闭】按钮，可以直接关闭打开的窗口，如图 3-20 所示。

图 3-20

3.3.5　移动窗口

在 Windows 7 系统桌面中打开窗口后，如果窗口的位置不符合使用需要，可以使用鼠标左键拖动鼠标至合适的位置。具体操作为：移动鼠标指针至窗口上方的空白位置，单击并拖动鼠标左键至目标位置后释放鼠标左键即可移动窗口，如图 3-21 所示。

图 3-21

3.3.6　调整窗口大小

移动鼠标指针至窗口的 4 个角上或四周的边框上，当鼠标指针变为实心双箭头形状时，单击并拖动鼠标指针至目标位置，释放鼠标左键即可调整窗口的大小，如图 3-22 所示。

图 3-22

3.3.7 在多个窗口之间切换

如果在桌面上打开了多个窗口，用户只能对其中的一个程序窗口进行操作，该窗口称为活动窗口。活动窗口在所有打开的程序窗口的最前面，又称前台运行。进行窗口切换时，可以使用以下几种方法。

1. 单击任务栏

通过单击任务栏中的缩略图可以切换窗口，如图 3-23 所示。

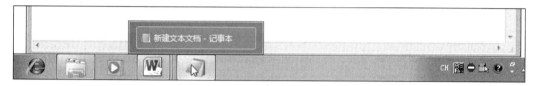

图 3-23

2. 按 Alt+Tab 组合键

按 Alt+Tab 组合键可以切换到先前的窗口，或者按住 Alt 键不放，并重复按 Tab 键，可以循环切换所有打开的窗口和桌面，释放 Alt 键可以显示所选窗口，如图 3-24 所示。

图 3-24

3. Windows Field 3D 窗口切换活动程序窗口

Windows Field 3D 以三维堆栈方式排列窗口。按 Windows+Tab 组合键打开 Windows Field 3D 窗口，单击堆栈中的任意窗口即可显示该窗口，也可以重复按 Tab 键或滚动鼠标滚轮循环切换打开的窗口，释放 Windows 键即可显示堆栈中最前面的窗口，如图 3-25 所示。

图 3-25

3.4 菜单和对话框

在 Windows 7 操作系统中，可以使用菜单和对话框进行操作，从而完成特定的任务。菜单项中包含有多种标记，了解菜单标记可以更加方便地使用菜单。本节将详细介绍有关菜单标记和对话框方面的知识。

3.4.1 Windows 7 菜单的使用

在 Windows 7 操作系统中，菜单是将各种命令分类安排在一起的命令集合，每一个菜单项都对应一种准备完成的工作。下面详细介绍菜单标记的组成部分，如图 3-26 所示。

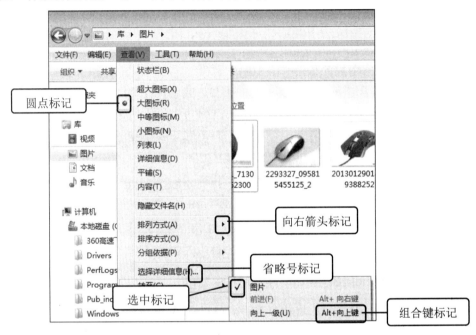

图 3-26

> ➤ 向右箭头标记：选择此类菜单命令，将在其右侧弹出一个子菜单。
> ➤ 圆点标记：表示该菜单命令处于有效状态。
> ➤ 省略号标记：选择此类菜单命令，将弹出一个对话框。
> ➤ 组合键标记：按下显示的组合键即可执行相应的菜单命令。
> ➤ 选中标记：如果某菜单命令前面有勾选标记，则表示该命令处于有效状态，选择此菜单命令将取消该命令标记。

3.4.2 对话框的基本组成与使用

对话框是一种特殊的窗口，是各种命令与用户沟通的桥梁。对话框包括文本框、列表框、下拉列表框、复选框、单选按钮、命令按钮、微调框和选项卡。下面详细介绍对话框的组成部分。

1. 文本框

文本框是对话框中的一个空白区域，在文本框的空白处单击，其框内就会出现一个光标插入点，此时就可以在其中输入文字，如图 3-27 所示。

2. 列表框

列表框中包含已经展开的列表项，单击准备选择的列表项，即可完成相应的选择操作，如图 3-28 所示。

图 3-27　　　　　　　　　　　　　　　　图 3-28

3. 下拉列表框

下拉列表框与列表框类似，单击下拉箭头，即可展开下拉列表，查看或选择下拉列表项，如图 3-29 所示。

4. 复选框和单选按钮

复选框和单选按钮是图形界面上的一种控件。复选框可以同时选择多个选项，单选按钮只能选中一个选项。选中复选框或单选按钮，即可完成选择相应的选择操作，如图 3-30 所示。

图 3-29　　　　　　　　　　　　　　　　图 3-30

5. 选项卡

选项卡是设置选项的模块，每个选项卡代表一个活动区域，单击标签打开相应的选项卡,可以完成相关操作,如图 3-31 所示。

图 3-31

3.5 实践案例与上机指导

通过本章的学习,读者基本可以掌握 Windows 7 的一些基本操作。下面通过练习操作,以达到巩固学习、拓展提高的目的。

3.5.1 添加快捷方式图标

在 Windows 7 系统中,如果经常要使用某个程序或打开某个窗口,为方便使用,可以在桌面上为其添加快捷方式图标。下面将介绍添加快捷方式图标的方法。

第1步 在 Windows 7 系统桌面上,**1.** 单击【开始】按钮,弹出【开始】菜单,**2.** 将鼠标指针移至【所有程序】菜单上,如图 3-32 所示。

第2步 在弹出的【所有程序】菜单中,鼠标右键单击准备创建快捷方式图标的程序,**1.** 在弹出的菜单中选择【发送到】菜单项,**2.** 在弹出的子菜单中选择【桌面快捷方式】菜单项,如图 3-33 所示。

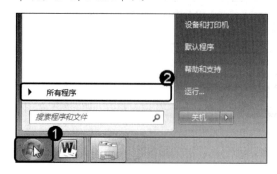

图 3-32

图 3-33

第 3 步 通过上述操作即可创建快捷方式图标，如图 3-34 所示。

图 3-34

3.5.2　调整任务栏大小

任务栏的大小可以根据需要调整，使其以小图标的方式显示。下面详细介绍调整任务栏大小的方法。

第 1 步 在 Windows 7 系统桌面上，在任务栏的空白处单击鼠标右键，在弹出的快捷菜单中选择【属性】菜单项，如图 3-35 所示。

第 2 步 弹出【任务栏和「开始」菜单属性】对话框，*1.* 切换到【任务栏】选项卡，*2.* 在【任务栏外观】区域中选中【使用小图标】复选框，*3.* 单击【确定】按钮，如图 3-36 所示。

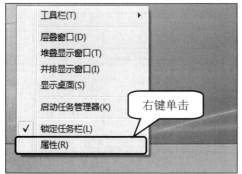

图 3-35

图 3-36

第 3 步 通过以上步骤即可完成调整任务栏大小的操作，如图 3-37 所示。

图 3-37

3.5.3　重新启动 Windows 7 系统

如果在电脑中安装了新的软件，或者电脑处理数据的速度与平时相比较慢，那么可以试试重新启动电脑的方法提高速度。

在 Windows 7 系统桌面中单击【开始】按钮，再单击【关机】按钮右侧的向右箭头，在弹出的子菜单中选择【重新启动】菜单项即可重新启动 Windows 7 系统，如图 3-38 所示。

图 3-38

3.5.4 堆叠显示窗口

如果用户打开了多个窗口，并且需要多个窗口全部处于显示状态，那么可以对窗口进行排列。下面以堆叠显示窗口为例，详细讲解排列窗口的操作步骤。

第1步 任意打开几个窗口，如打开【图片】窗口、【计算机】窗口和【文档】窗口，如图 3-39 所示。

第2步 在任务栏中的空白处单击鼠标右键，在弹出的快捷菜单中选择【堆叠显示窗口】菜单项，如图 3-40 所示。

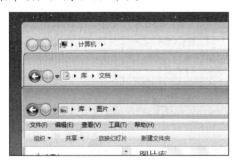

图 3-39

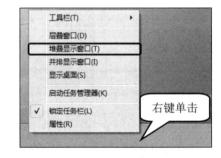

图 3-40

第3步 通过以上操作即可堆叠显示刚才打开的 3 个窗口，如图 3-41 所示。

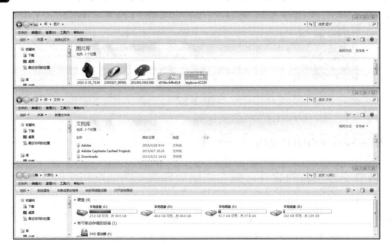

图 3-41

3.5.5　并排显示窗口

并排显示窗口的方法非常简单，具体操作步骤如下。

第1步　任意打开几个窗口，如打开【图片】窗口、【计算机】窗口和【文档】窗口，如图 3-42 所示。

第2步　在任务栏中的空白处单击鼠标右键，在弹出的快捷菜单中选择【并排显示窗口】菜单项即可，如图 3-43 所示。

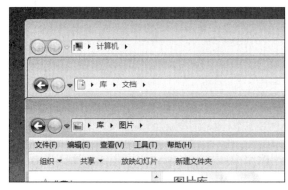

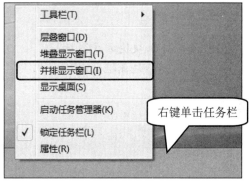

右键单击任务栏

图 3-42　　　　　　　　　　　　　　图 3-43

3.6　思考与练习

一、填空题

1. 登录 Windows 7 系统后，出现在眼前的就是_____，也叫桌面。用户完成各种工作都是在桌面上进行的。桌面由桌面图标、_____、_____、IE 浏览器和_____组成。

2. 【开始】菜单包括快速启动栏、_____、_____和当前用户图标。

3. 任务栏位于界面的_____，提供了快速切换应用程序、文档及其他窗口的功能。任务栏包括【开始】按钮、_____、任务按钮区、_____、通知区域和_____ 5 个部分。

4. 在 Windows 7 中，窗口由控制按钮区、_____、菜单栏、_____、地址栏、导航窗格、_____、工作区和_____组成。

5. 对话框是一种特殊的窗口，是各种命令与用户沟通的桥梁，对话框包括文本框、列表框、_____、复选框、_____、命令按钮、_____和选项卡。

二、判断题

1. 单击【开始】按钮，弹出【开始】菜单。【开始】菜单是 Windows 7 中很多操作的入口，其中汇集了电脑中的常用程序、文件夹和选项设置等内容。　　　　　　（　　）

2. 桌面图标是指在 Windows 7 桌面中显示的，可以打开某些特定窗口和对话框，或启动一些程序的快捷方式。桌面图标又分为系统图标和快捷方式图标。 （　）

3. 搜索栏位于窗口右上方，用于搜索在该窗口中的文件。在搜索栏中输入搜索内容，在键盘上按 Enter 键即可进行文件的搜索。 （　）

4. 按 Alt+Tab 组合键可以切换到先前的窗口，或者按住 Alt 键不放，并重复按 Tab 键，可以循环切换所有打开的窗口和桌面，释放 Alt 键可以显示所选窗口。 （　）

5. 文本框是对话框中的一个空白区域，在文本框的空白处单击，其框内就会出现光标插入点，此时就可以在其中输入文字。 （　）

三、思考题

1. 如何添加快捷方式图标？
2. 如何调整任务栏大小？

新起点
电脑教程

第 **4** 章

管理电脑中的文件

本章要点

📖 认识文件和文件夹

📖 浏览与查看文件和文件夹

📖 操作文件和文件夹

📖 安全使用文件和文件夹

📖 使用回收站

本章主要内容

    本章主要介绍了认识文件和文件夹、浏览与查看文件和文件夹、操作文件和文件夹、安全使用文件和文件夹方面的知识与技巧，以及使用回收站的方法和以平铺方式显示文件、以列表方式显示文件的方法。通过本章的学习，读者可以掌握电脑中文件和文件夹基础操作方面的知识，为深入学习电脑知识奠定基础。

4.1 认识文件和文件夹

电脑中的数据都以文件的形式保存在电脑中，文件夹是用来分类存储电脑中的文件。如果准备在电脑中存储数据，则需要了解电脑中各种资源的专业术语。本节将介绍有关磁盘分区和盘符、文件和文件夹方面的知识。

4.1.1 磁盘分区和盘符

电脑中的主要存储设备为硬盘，但是硬盘不能直接存储资料，需要将其划分成多个空间才能存储，划分出的空间即为磁盘分区。

将电脑硬盘划分为多个磁盘分区后，为了区分每个磁盘分区，可以将其命名为不同的名称，如"本地磁盘(C:)"等，这样的存储区域即为盘符，如图 4-1 所示。

图 4-1

4.1.2 文件

在 Windows 7 系统中，文件是以单个名称在电脑中存储信息的集合，是最基础的存储单位。在电脑中，一篇文稿、一组数据、一段声音和一张图片等都属于文件。

在电脑中，文件通常以"文件图标+文件名+扩展名"的形式显示。通过文件图标和扩展名即可了解文件的类型。文件图标以图标的形式显示文件的类别；文件名是为了区别和使用文件而给每一个文件起的名字；扩展名以符号"."和主文件名相连，通常由 3 个或 4 个字母组成，用来表示文件的类型和性质，如图 4-2 所示。

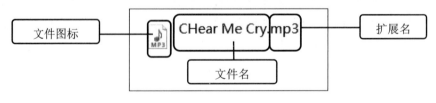

图 4-2

4.1.3　文件夹

文件夹是电脑中用于分类存储资料的一种工具，可以将多个文件或文件夹放置在一个文件夹中，从而对文件或文件夹进行分类管理。文件夹由文件夹图标和文件夹名称组成，如图 4-3 所示。

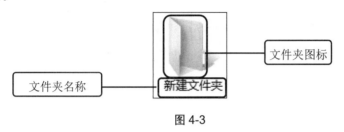

图 4-3

4.2　浏览与查看文件和文件夹

通过浏览与查看文件或文件夹的方法，可随时查看电脑中存储的资料。本节将介绍浏览文件或文件夹、设置文件或文件夹的显示方式和查看文件或文件夹属性的方法。

4.2.1　浏览文件和文件夹

如果准备大致了解自己电脑中的文件，可以通过浏览文件或文件夹的方法操作。下面介绍使用【计算机】图标浏览文件或文件夹的操作方法。

第 1 步　用鼠标右键单击【计算机】图标，在弹出的快捷菜单中选择【打开】菜单项，如图 4-4 所示。

第 2 步　在【计算机】窗口中，选择准备查看的盘符选项，如双击【本地磁盘(E:)】选项，如图 4-5 所示。

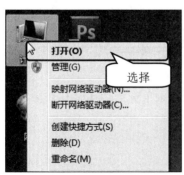

图 4-4

图 4-5

第 3 步　打开【本地磁盘(E:)】窗口，浏览该盘符下保存的文件夹，双击要打开的文件夹，如双击【蝴蝶】文件夹，如图 4-6 所示。

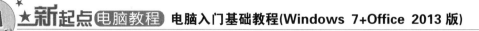

第4步 打开【蝴蝶】窗口，即可浏览该文件夹下保存的文件，如图 4-7 所示。

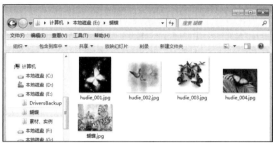

图 4-6   图 4-7

4.2.2　设置文件和文件夹的显示方式

文件与文件夹的显示方式有多种，包括超大图标、大图标、中等图标、小图标、列表、详细信息、平铺和内容等几种方式，可以根据查询的需要，更改文件与文件夹的显示方式。下面介绍设置文件或文件夹显示方式的操作方法。

打开一个文件夹，在菜单栏中单击【查看】菜单，在弹出的下拉菜单中根据需要选择不同的显示方式。其中包括【超大图标】、【大图标】、【中等图标】、【小图标】、【列表】、【详细信息】、【平铺】、【内容】8 种显示方式，如图 4-8 所示。

图 4-8

也可以在文件夹空白区域单击鼠标右键，在弹出的快捷菜单中选择【查看】菜单项进行选择。

4.2.3　查看文件和文件夹的属性

在 Windows 7 中，根据使用需要可以查看文件或文件夹的属性，从而便于操作。下面介绍查看文件或文件夹属性的操作方法。

第1步 双击【计算机】图标，*1.* 在【本地磁盘(G:)】窗口中选中准备查看的文件，*2.* 单击【组织】按钮，*3.* 在弹出的下拉菜单中选择【属性】菜单项，如图 4-9 所示。

第2步 弹出文件名属性对话框，**1.** 切换到【常规】选项卡，**2.** 查看文件名称、类型、位置、大小等属性，**3.** 查看完毕单击【确定】按钮即可关闭对话框，如图 4-10 所示。

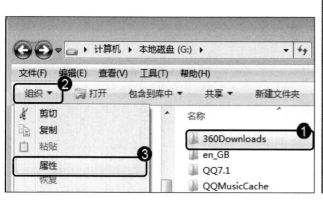

图 4-9　　　　　　　　　　　　　　　图 4-10

4.2.4　查看文件的扩展名

文件的扩展名也可以在属性中查看。其具体操作方法是，选中准备查看扩展名的文件，右键单击鼠标，在弹出的快捷菜单中选择【属性】菜单项，弹出属性对话框，在【常规】选项卡中即可查看文件的扩展名，如图 4-11 和图 4-12 所示。

图 4-11　　　　　　　　　　　　　　　图 4-12

4.3　操作文件和文件夹

如果准备在 Windows 7 中使用文件或文件夹，首先需要掌握操作文件或文件夹的方法。本节将介绍操作文件或文件夹的方法，如新建文件或文件夹、创建文件或文件夹的快捷方式等。

4.3.1　新建文件和文件夹

如果准备使用文件或文件夹保存资料，首先需要新建文件或文件夹。下面介绍新建文

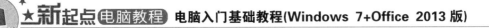

件或文件夹的操作方法。

第1步 双击【计算机】图标，*1.* 打开【本地磁盘(G:)】窗口，在菜单栏中选择【文件】菜单，*2.* 选择【新建】菜单项，*3.* 在弹出的子菜单中选择【文件夹】菜单项，如图 4-13 所示。

第2步 新建文件夹的默认名称为"新建文件夹"，可以自定义输入新名称，如图 4-14 所示。

图 4-13

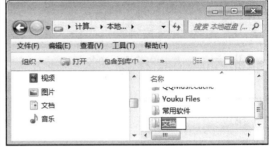

图 4-14

第3步 按 Enter 键即可完成新建文件夹的操作，如图 4-15 所示。

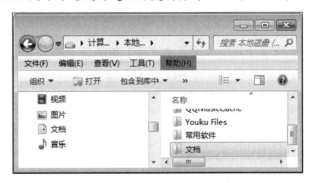

图 4-15

4.3.2 创建文件和文件夹的快捷方式

在 Windows 7 中，可以为文件或文件夹创建快捷方式，并可将快捷方式放置到桌面的任意位置，从而在任意位置都可快速启动文件或文件夹。下面介绍创建文件或文件夹快捷方式的操作方法。

第1步 双击【计算机】图标，*1.* 打开【本地磁盘(D:)】窗口，选中准备创建快捷方式的文件，*2.* 选择【文件】菜单，*3.* 在弹出的下拉菜单中选择【创建快捷方式】菜单项，如图 4-16 所示。

第2步 文件夹中出现刚刚选中文件的快捷方式，通过以上方法即可创建文件的快捷方式，如图 4-17 所示。

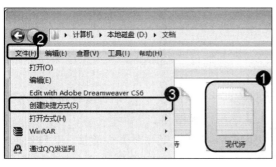

图 4-16　　　　　　　　　　　　　　　图 4-17

4.3.3　复制文件和文件夹

复制文件或文件夹是指在电脑中为文件或文件夹建立副本，从而防止文件或文件夹丢失。下面介绍复制文件或文件夹的操作方法。

第1步 双击【计算机】图标，*1.* 在打开的【本地磁盘(G:)】窗口中选中准备复制的文件或文件夹，*2.* 选择【编辑】菜单项，*3.* 在弹出的下拉菜单中选择【复制到文件夹】菜单项，如图 4-18 所示。

第2步 选择准备创建快捷方式的文件夹，*1.* 弹出【复制项目】对话框，在列表框中选择文件或文件夹的保存位置，*2.* 单击【复制】按钮，如图 4-19 所示。

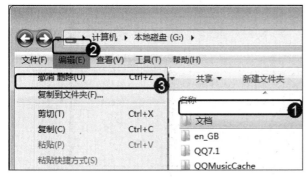

图 4-18　　　　　　　　　　　　　　　图 4-19

第3步 通过上述操作即可将文件或文件夹复制到桌面中，如图 4-20 所示。

图 4-20

4.3.4 移动文件和文件夹

移动文件或文件夹是指将文件或文件夹移动到其他位置,而不在原来位置保存的操作过程。下面介绍移动文件或文件夹的操作方法。

第1步 打开文件夹后,**1.** 选中准备复制的文件或文件夹,**2.** 单击【编辑】菜单项,**3.** 在弹出的下拉菜单中选择【移动到文件夹】菜单项,如图 4-21 所示。

第2步 选择准备创建快捷方式的文件夹,**1.** 弹出【复制项目】对话框,在列表框中选择文件或文件夹的保存位置,**2.** 单击【移动】按钮,如图 4-22 所示。

图 4-21

图 4-22

第3步 通过上述操作即可将文件或文件夹移动到桌面中,如图 4-23 所示。

图 4-23

4.3.5 删除文件和文件夹

在 Windows 7 中,不需要的文件或文件夹可以删除,从而节省内存空间。删除文件和文件夹的方法非常简单,下面介绍其操作方法。

第1步 打开文件夹后,**1.** 选中准备删除的文件或文件夹,**2.** 单击【组织】按钮,**3.** 在弹出的下拉菜单选择【删除】菜单项,如图 4-24 所示。

第2步 弹出【删除多个项目】对话框,单击【是】按钮,如图 4-25 所示。

第3步 通过上述操作即可将文件或文件夹删除,如图 4-26 所示。

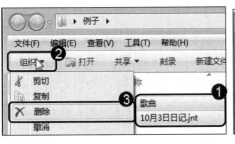 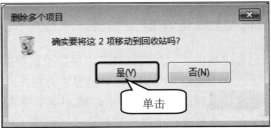

图 4-24   图 4-25

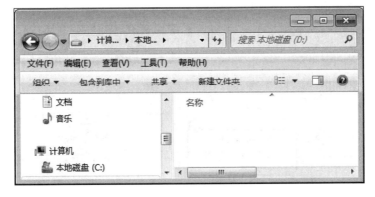

图 4-26

4.3.6　重命名文件或文件夹

在 Windows 7 中，有时需要重新命名文件或文件夹，其操作方法是：右键单击准备重命名的文件或文件夹，在弹出的快捷菜单中选择【重命名】菜单项，即可重新命名文件或文件夹，如图 4-27 和图 4-28 所示。

图 4-27   图 4-28

4.4　安全使用文件或文件夹

在电脑中使用文件或文件夹保存资料后，为了防止资料丢失，需要掌握安全使用文件或文件夹的方法。本节将介绍隐藏文件或文件夹、加密文件或文件夹的操作方法。

4.4.1 隐藏文件或文件夹

如果电脑中的文件或文件夹中保存了重要的内容，可以将其隐藏，从而保证资料的安全。下面介绍隐藏文件或文件夹的操作方法。

第1步 打开文件夹后，*1.* 选中准备隐藏的文件夹，*2.* 单击【组织】按钮，*3.* 在弹出的下拉菜单中选择【属性】菜单项，如图 4-29 所示。

第2步 弹出【文档 属性】对话框，*1.* 切换到【常规】选项卡，*2.* 选中【隐藏】复选框，*3.* 单击【确定】按钮，如图 4-30 所示。

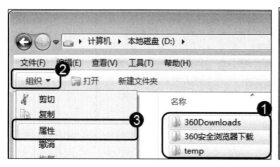

图 4-29

图 4-30

第3步 通过上述操作即可隐藏文件或文件夹，如图 4-31 所示。

图 4-31

4.4.2 显示隐藏的文件或文件夹

文件或文件夹被隐藏后，如果准备查看或编辑隐藏的文件或文件夹，就需要显示隐藏的文件或文件夹。下面介绍显示隐藏的文件或文件夹的操作方法。

第1步 打开文件夹后，*1.* 打开保存有隐藏的文件或文件夹的文件夹窗口，选择【工具】主菜单，*2.* 在弹出的下拉菜单中选择【文件夹选项】菜单项，如图 4-32 所示。

第2步 弹出【文件夹选项】对话框，*1.* 切换到【查看】选项卡，*2.* 在【高级设置】列表框中选中【显示隐藏的文件、文件夹和驱动器】单选按钮，*3.* 单击【确定】按钮，如图 4-33 所示。

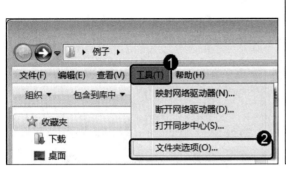

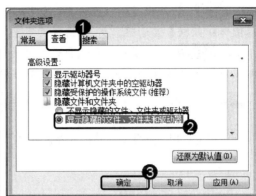

图 4-32　　　　　　　　　　　　　　　　　　　图 4-33

第 3 步　通过上述操作即可显示隐藏的文件或文件夹，如图 4-34 所示。

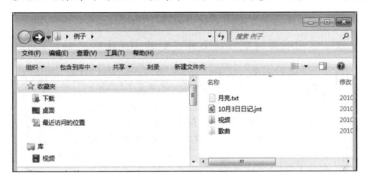

图 4-34

4.4.3　给文件或文件夹加密

在 Windows 7 中，为防止他人修改或查看保密文件，可以给文件或文件夹加密。下面介绍给文件或文件夹加密的操作方法。

第 1 步　打开文件夹后，选中准备加密的文件夹，*1.* 单击【组织】按钮，*2.* 在弹出的下拉菜单中选择【属性】菜单项，如图 4-35 所示。

第 2 步　弹出【文档 属性】对话框，*1.* 切换到【常规】选项卡，*2.* 单击【高级】按钮，如图 4-36 所示。

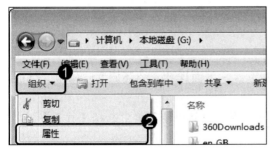

图 4-35　　　　　　　　　　　　　　　　　　图 4-36

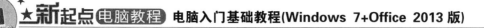

第3步 弹出【高级属性】对话框，**1.** 在【压缩或加密属性】区域中选中【加密内容以便保护数据】复选框。**2.** 单击【确定】按钮，如图 4-37 所示。

第4步 弹出【确认属性更改】对话框，**1.** 选中【将更改应用于此文件夹、子文件夹和文件】单选项按钮；**2.** 单击【确定】按钮，如图 4-38 所示。

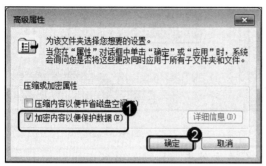

图 4-37

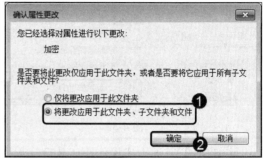

图 4-38

第5步 通过上述操作即可完成对文件或文件夹的夹密，如图 4-39 所示。

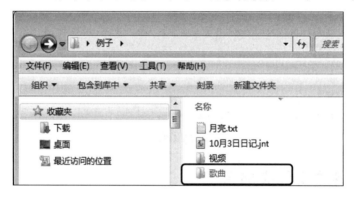

图 4-39

4.5　使用回收站

回收站是 Windows 7 中用于存储系统中临时删除的文件的位置。回收站中的临时文件可以被还原，也可以被删除，从而方便用户使用。本节将介绍使用回收站的操作方法。

4.5.1　还原回收站中的文件

回收站中的文件可以还原至原来的存储位置。下面详细介绍还原回收站中文件的操作方法。

第1步 鼠标右键单击【回收站】图标，在弹出的快捷菜单中选择【打开】菜单项，如图 4-40 所示。

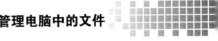

第2步 打开【回收站】窗口，*1.* 选中准备恢复的文件，*2.* 单击【文件】菜单，*3.* 在弹出的下拉菜单中选择【还原】菜单项，如图 4-41 所示。

图 4-40

图 4-41

第3步 通过以上方法即可完成还原回收站中文件的操作，如图 4-42 所示。

图 4-42

4.5.2　删除回收站中的文件

如果回收站中的文件不准备保留了，可以将其彻底删除，从而节省内存空间。下面介绍删除回收站中文件的操作方法。

第1步 打开【回收站】窗口，*1.* 选中准备删除的文件，*2.* 单击【文件】菜单，*3.* 在弹出的下拉菜单中选择【删除】菜单项，如图 4-43 所示。

第2步 弹出【删除文件夹】对话框，单击【是】按钮，如图 4-44 所示。

图 4-43

图 4-44

第3步 通过上述操作即可删除回收站中的文件，如图 4-45 所示。

图 4-45

4.6　实践案例与上机指导

通过本章的学习，读者基本可以掌握对电脑中文件的一些常见的操作方法。下面通过练习，以达到巩固学习、拓展提高的目的。

4.6.1　以平铺方式显示文件

如果对文件或文件夹的显示方式不满意，那么可以自行设置文件或文件夹的显示方式。下面以平铺方式显示文件或文件夹为例，介绍设置文件或文件夹显示方式的操作方法。

第 1 步 打开一个文件夹，**1.** 单击文件夹中的【更改您的视图】按钮旁边的三角按钮 ▾，**2.** 在弹出的下拉菜单中选择【平铺】菜单项，如图 4-46 所示。

第 2 步 通过以上操作即可实现以平铺方式显示文件，如图 4-47 所示。

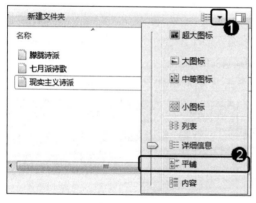

图 4-46

图 4-47

4.6.2　以列表方式显示文件

下面以列表方式显示文件或文件夹为例，介绍设置文件或文件夹显示方式的操作方法。

第 1 步 打开一个文件夹，**1.** 单击文件夹中的【更改您的视图】按钮旁边的三角按钮 ▾，**2.** 在弹出的下拉菜单中选择【列表】菜单项，如图 4-48 所示。

第2步 通过以上操作即可实现以列表方式显示文件，如图 4-49 所示。

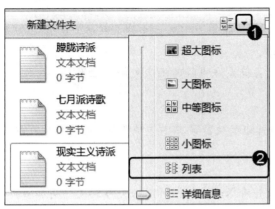

图 4-48　　　　　　　　　　　　　　　　　图 4-49

4.6.3　以内容方式显示文件

下面以内容方式显示文件或文件夹为例，介绍设置文件或文件夹显示方式的操作方法。

第1步 打开一个文件夹，**1.** 单击文件夹中的【更改您的视图】按钮旁边的三角按钮 ，
2. 在弹出的下拉菜单中选择【内容】菜单项，如图 4-50 所示。

第2步 通过以上操作即可实现以内容方式显示文件，如图 4-51 所示。

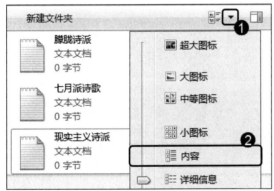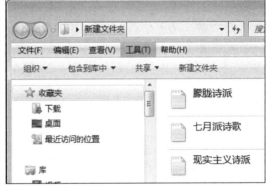

图 4-50　　　　　　　　　　　　　　　　　图 4-51

4.7　思考与练习

一、填空题

1. 在电脑中，文件通常以"＿＿＿＿＿＿ ＋＿＿＿＿＿＿ ＋＿＿＿＿＿＿"的形式显示。

2. 文件和文件夹的显示方式包括【超大图标】、＿＿＿＿＿＿、【中等图标】、【小图标】、＿＿＿＿＿＿、＿＿＿＿＿＿、＿＿＿＿＿＿、【内容】8 种显示方式。

3. 文件夹由_____和_____组成。

4. _____以图标的形式显示文件的类别；_____是为了区别和使用文件而给每一个文件起的名字；_____以符号"."和主文件名相连，通常由 3 个或 4 个字母组成，用来表示文件的类型和性质。

5. _____是 Windows 7 中用于存储系统中临时删除文件的位置。

二、判断题

1. 在文件夹空白区域单击鼠标右键，在弹出的快捷菜单中选择【查看】菜单项可以设置文件或文件夹的显示方式。　　　　　　　　　　　　　　　　　　（　　）

2. 文件的扩展名可以在属性中查看。　　　　　　　　　　　　　　　　（　　）

3. 在 Windows 7 中，为防止他人修改或查看保密文件，可以给文件或文件夹加密。

4. 回收站中的临时文件可以被还原，也可以被删除。　　　　　　　　　（　　）

5. 如果电脑中的文件或文件夹中保存了重要的内容，可以将其隐藏，从而保证资料的安全。　　　　　　　　　　　　　　　　　　　　　　　　　　　　　　（　　）

三、思考题

1. 如何以平铺方式显示文件？

2. 如何重命名文件？

第 **5** 章

设置个性化系统

本章主要内容

本章主要介绍了设置外观和主题、设置【开始】菜单、设置桌面小图标与工具、设置任务栏、设置鼠标和指针的知识与技巧，同时还讲解了 Windows 账户管理和安全设置，在本章的最后还针对实际的工作需求，讲解了设置电源计划、将程序锁定到任务栏的方法。通过本章的学习，读者可以掌握设置个性化系统方面的知识，为深入学习电脑知识奠定基础。

5.1 设置外观和主题

在 Windows 7 操作系统中，用户可以根据自己的喜好设置出个性化的外观和主题。本节将介绍设置外观和主题的操作方法。

5.1.1 更换 Windows 7 的主题

在 Windows 7 操作系统中，桌面主题是一套完整的系统外观和系统声音的设置方案，可以使用默认 Windows 7 系统主题，也可以自定义桌面主题。下面介绍设置 Windows 7 主题的操作方法。

第 1 步 在 Windows 7 桌面的空白位置处单击鼠标右键，在弹出的快捷菜单中选择【个性化】菜单项，如图 5-1 所示。

第 2 步 打开【个性化】窗口，在【更改计算机上的视觉效果和声音】列表框中选择准备应用的主题选项，如选择【风景】选项，单击【关闭】按钮，如图 5-2 所示。

图 5-1

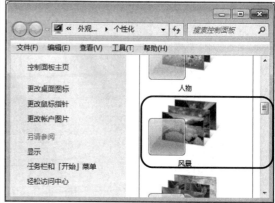

图 5-2

第 3 步 通过上述操作即可更改 Windows 7 的桌面主题，在打开的【控制面板】窗口中可以查看到新主题的应用效果，电脑连接音箱后可以听到新主题的声音效果，如图 5-3 所示。

图 5-3

5.1.2　修改桌面背景

桌面背景是指 Windows 7 操作系统桌面中显示的背景图案，用户可以根据自己的喜好修改桌面背景。下面介绍修改桌面背景的操作方法。

第1步　在 Windows 7 系统桌面上，**1.** 单击【开始】按钮，**2.** 在【开始】菜单中选择【控制面板】菜单项，如图 5-4 所示。

第2步　打开【控制面板】窗口，在【外观和个性化】区域单击【更改桌面背景】链接，如图 5-5 所示。

图 5-4

图 5-5

第3步　打开【桌面背景】窗口，**1.** 选择准备应用的背景选项，**2.** 单击【保存修改】按钮，如图 5-6 所示。

第4步　通过上述操作即可修改桌面背景，如图 5-7 所示。

图 5-6

图 5-7

5.1.3　设置屏幕保护程序

屏幕保护程序是指当屏幕一段时间内没有刷新时，用于保护电脑的一种程序，可以延长显示器的使用寿命。下面介绍设置屏幕保护程序的操作方法。

第1步　在 Windows 7 系统桌面上，**1.** 单击【开始】按钮，**2.** 在【开始】菜单中选择【控制面板】菜单项，如图 5-8 所示。

第2步　打开【控制面板】窗口，单击【外观和个性化】链接，如图 5-9 所示。

图 5-8

图 5-9

第 3 步 打开【外观和个性化】窗口，在【个性化】区域单击【更改屏幕保护程序】链接，如图 5-10 所示。

第 4 步 弹出【屏幕保护程序设置】对话框，*1.* 在【屏幕保护程序】下拉列表框中选择准备应用的屏幕保护程序，*2.* 在【等待】微调框中设置等待时间，*3.* 单击【确定】按钮，如图 5-11 所示。

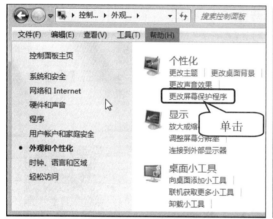

图 5-10

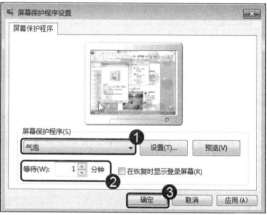

图 5-11

第 5 步 通过上述操作即可设置屏幕保护程序，如图 5-12 所示。

图 5-12

5.1.4 设置显示器的分辨率和刷新率

显示器的分辨率是指单位面积显示像素的数量。刷新率是指屏幕画面每秒被刷新的次数。合理地设置显示器的分辨率和刷新率可以保证电脑画面的显示质量，也可以有效地保护自己的视力。下面介绍设置显示器分辨率和刷新率的方法。

第 1 步 在 Windows 7 系统桌面上，*1.* 单击【开始】按钮，*2.* 在【开始】菜单中选择【控制面板】菜单项，如图 5-13 所示。

第 2 步 打开【控制面板】窗口，单击【外观和个性化】链接，如图 5-14 所示。

图 5-13   图 5-14

第 3 步 打开【外观和个性化】窗口，在【显示】区域中单击【调整屏幕分辨率】链接，如图 5-15 所示。

第 4 步 打开【屏幕分辨率】对话框，*1.* 在【分辨率】下拉列表框中选择准备应用的分辨率，*2.* 单击【高级设置】链接，如图 5-16 所示。

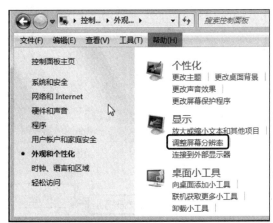

图 5-15   图 5-16

第 5 步 弹出【通用即插即用监视器和 NVIDIA GeForce 9500 GT...】对话框，*1.* 切换到【监视器】选项卡，*2.* 在【屏幕刷新频率】下拉列表框中选择刷新率，*3.* 单击【确定】按钮，如图 5-17 所示。

第 6 步 返回【屏幕分辨率】对话框，单击【确定】按钮即可完成显示器分辨率和刷新率的设置，如图 5-18 所示。

图 5-17

图 5-18

5.1.5 设置系统日期和时间

在 Windows 7 中，设置日期和时间的方法非常简单，可以通过【开始】菜单来设置，也可以通过任务栏上的日期和时间来设置。下面详细介绍设置系统日期和时间的操作方法。

第1步 单击桌面右下角任务栏上的日期和时间区域，如图 5-19 所示。

第2步 打开【时间和日期】窗口，单击【更改日期和时间设置】链接，如图 5-20 所示。

图 5-19

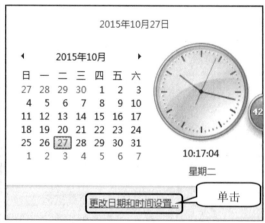

图 5-20

第3步 弹出【日期和时间】对话框，单击【更改日期和时间】按钮，如图 5-21 所示。

第4步 弹出【日期和时间设置】对话框，**1.** 在【日期】选项中设置日期，**2.** 在时间微调框中设置时间，**3.** 单击【确定】按钮即可完成日期和时间的设置，如图 5-22 所示。

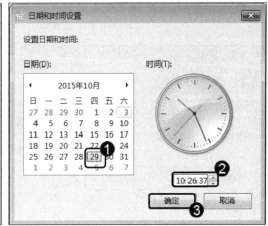

图 5-21　　　　　　　　　　　　　　图 5-22

5.2　设置【开始】菜单

　　【开始】菜单是视窗操作系统中图形用户界面的基本部分，可以称其为操作系统的中央控制区域。在默认状态下，【开始】按钮位于屏幕的左下方。本节将详细介绍设置【开始】菜单的相关知识与操作。

5.2.1　更改电源按钮的功能

　　用户可以自己设置【电源】按钮的功能，比如关机、休眠，甚至是无任何操作。下面详细介绍更改电源按钮功能的操作方法。

　　第1步　在 Windows 7 系统桌面上，**1.** 单击【开始】按钮，**2.** 在【开始】菜单中选择【控制面板】菜单项，如图 5-23 所示。

　　第2步　在【控制面板】窗口中，**1.** 单击【类别】按钮，**2.** 在弹出的下拉菜单中选择【大图标】菜单项，如图 5-24 所示。

图 5-23　　　　　　　　　　　　　　图 5-24

　　第3步　单击【电源选项】大图标，如图 5-25 所示。

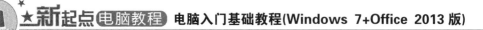

第4步 在【电源选项】窗口的左侧单击【选择电源按钮的功能】链接，如图 5-26 所示。

图 5-25

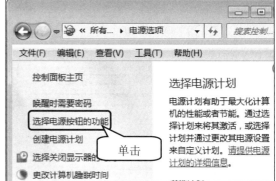

图 5-26

第5步 进入【定义电源按钮并启用密码保护】界面，1. 在【电源按钮设置】区域更改【按电源按钮时】按钮的功能，如果选择【关机】选项，2. 单击【保存修改】按钮，通过以上操作即可完成更改电源按钮功能的操作，如图 5-27 所示。

图 5-27

 智慧锦囊

【电源】按钮的功能包括睡眠、关机和不采取任何操作 3 种，用户可以根据自己的需要进行选择。

5.2.2 将程序图标锁定到【开始】菜单中

如果定期使用程序，可以将程序图标锁定到【开始】菜单中使其成为快捷方式。下面详细介绍将程序图标锁定到【开始】菜单中的操作方法。

第1步 在 Windows 7 系统桌面上，单击【开始】按钮，如图 5-28 所示。

第2步 在弹出的【开始】菜单中，*1.* 右键单击需要锁定到【开始】菜单的程序，如"计算器"，*2.* 在弹出的快捷菜单中选择【附到「开始」菜单】菜单项，如图 5-29 所示。

图 5-28　　　　　　　　　　　　图 5-29

第3步 通过以上步骤即可将【计算器】程序添加到【开始】菜单中，如图 5-30 所示。

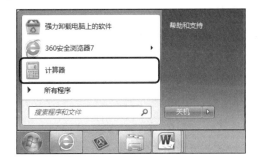

图 5-30

5.2.3　将【运行】命令添加到【开始】菜单中

有时候【运行】命令不一定在【开始】菜单中，每次打开很不方便。本节将详细介绍在【开始】菜单中添加【运行】命令的操作方法。

第1步 在 Windows 7 系统桌面上，*1.* 单击【开始】按钮，*2.* 在【开始】菜单中选择【控制面板】菜单项，如图 5-31 所示。

第2步 在【控制面板】窗口中，*1.* 单击【类别】按钮，*2.* 在弹出的下拉菜单中选择【小图标】菜单项，如图 5-32 所示。

图 5-31　　　　　　　　　　　　图 5-32

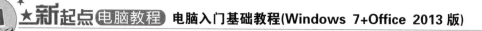

第3步 在【调整计算机的设置】区域中单击【任务栏和「开始」菜单】链接，如图 5-33 所示。

第4步 弹出【任务栏和「开始」菜单属性】对话框，**1.** 切换到【「开始」菜单】选项卡，**2.** 单击【自定义】按钮，如图 5-34 所示。

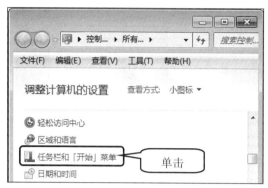

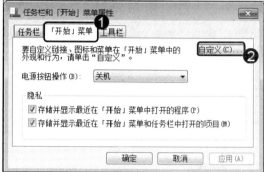

图 5-33　　　　　　　　　　　　　　　　图 5-34

第5步 弹出【自定义「开始」菜单】对话框，**1.** 选中【运行命令】复选框，**2.** 单击【确定】按钮，如图 5-35 所示。

第6步 此时打开【开始】菜单，在右侧就会发现【运行】命令已经添加成功，如图 5-36 所示。

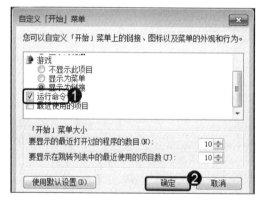

图 5-35　　　　　　　　　　　　　　　　图 5-36

5.2.4　自定义【开始】菜单右侧窗格中显示的项目

在 Windows 7 中，用户也可以对【开始】菜单显示的项目进行设置。下面以将【控制面板】显示成菜单形式为例讲解自定义显示项目的操作方法。

第1步 在 Windows 7 系统桌面上，**1.** 单击【开始】按钮，**2.** 在【开始】菜单中选择【控制面板】菜单项，如图 5-37 所示。

第2步 在【控制面板】窗口中，**1.** 单击【类别】按钮，**2.** 在弹出的下拉菜单中选择【小图标】菜单项，如图 5-38 所示。

图 5-37

图 5-38

第3步 在【调整计算机的设置】区域中单击【任务栏和「开始」菜单】链接，如图 5-39 所示。

第4步 弹出【任务栏和「开始」菜单属性】对话框，*1.* 切换到【「开始」菜单】选项卡，*2.* 单击【自定义】按钮，如图 5-40 所示。

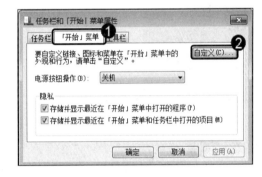

图 5-39

图 5-40

第5步 弹出【自定义「开始」菜单】对话框，*1.* 选中【控制面板】选项下的【显示为菜单】单选按钮，*2.* 单击【确定】按钮，如图 5-41 所示。

第6步 再次打开【开始】菜单，发现【控制面板】显示为菜单形式，如图 5-42 所示。

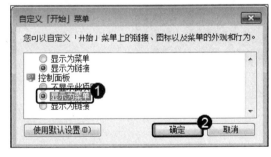

图 5-41

图 5-42

5.3 设置桌面图标与小工具

在 Windows 7 桌面上可以添加小工具，比如时钟、日历等，为日常工作提供了很大便利，同时也使 Windows 桌面更具特色化和个性化。本节将详细介绍桌面小工具的知识。

5.3.1 添加桌面小工具

添加桌面小工具的方法非常简单，具体操作方法如下。

第1步 在 Windows 7 桌面的空白位置处单击鼠标右键，在弹出的快捷菜单中选择【小工具】菜单项，如图 5-43 所示。

第2步 弹出添加小工具窗口，双击准备添加的小工具，如图 5-44 所示。

图 5-43

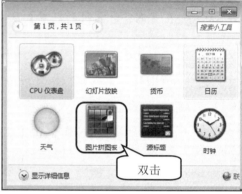

图 5-44

第3步 通过以上步骤即可在桌面上添加【图片拼图板】小图标，如图 5-45 所示。

图 5-45

5.3.2 排列桌面图标

桌面图标的排序方式有 4 种，分别按照大小、名称、项目类型、修改日期排序。下面详细介绍排列桌面图标的操作方法。

第1步 在 Windows 7 桌面的空白位置处单击鼠标右键，*1.* 在弹出的快捷菜单中选择【排序方式】菜单项，*2.* 在弹出的子菜单中选择【修改日期】菜单项，如图 5-46 所示。

第2步 通过以上步骤即可完成桌面图标按照修改日期排序的操作，如图 5-47 所示。

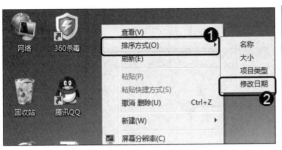

图 5-46

图 5-47

5.3.3　添加系统图标

用户可以根据自己的需要在桌面上添加系统图标。添加系统图标的方法非常简单，具体如下。

第 1 步　在 Windows 7 系统桌面上，*1.* 单击【开始】按钮，*2.* 在【开始】菜单中选择【控制面板】菜单项，如图 5-48 所示。

第 2 步　在【控制面板】窗口中，*1.* 单击【类别】按钮，*2.* 在弹出的下拉菜单中选择【小图标】菜单项，如图 5-49 所示。

图 5-48

图 5-49

第 3 步　在【调整计算机的设置】区域中单击【个性化】链接，如图 5-50 所示。

第 4 步　单击【更改桌面图标】链接，如图 5-51 所示。

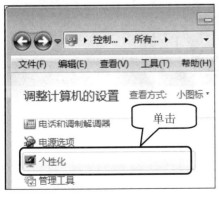

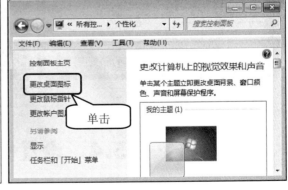

图 5-50

图 5-51

第5步 弹出【桌面图标设置】对话框，**1.** 选中准备添加的桌面图标复选框，**2.** 单击【确定】按钮即可添加桌面系统图标，如图 5-52 所示。

图 5-52

5.3.4 设置桌面小工具的效果

添加完桌面小工具后，还可以对桌面小工具的效果进行设置。下面详细介绍设置桌面小工具效果的操作方法。

第1步 右键单击桌面小工具，**1.** 在弹出的快捷菜单中选择【不透明度】菜单项，**2.** 在弹出的子菜单中选择 60%菜单项，如图 5-53 所示。

第2步 通过以上步骤即可完成设置桌面小工具效果的操作，如图 5-54 所示。

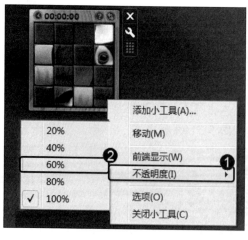

图 5-53

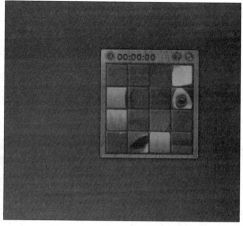

图 5-54

5.4 设置任务栏

在 Windows 系统中，任务栏是指位于桌面最下方的小长条，主要由【开始】菜单、应用程序区、语言选项区和托盘区组成，而 Windows 7 及其以后版本系统的任务栏右侧都具有显示桌面的功能。本节将详细介绍任务栏设置方面的知识。

5.4.1 自动隐藏任务栏

任务栏也可以隐藏。隐藏任务栏的方法很简单，下面详细介绍隐藏任务栏的操作方法。

第1步 在 Windows 7 系统桌面上，*1.* 单击【开始】按钮，*2.* 在【开始】菜单中选择【控制面板】菜单项，如图 5-55 所示。

第2步 在【控制面板】窗口中，*1.* 单击【类别】按钮，*2.* 在弹出的下拉菜单中选择【小图标】菜单项，如图 5-56 所示。

图 5-55

图 5-56

第3步 在【调整计算机的设置】区域中单击【任务栏和「开始」菜单】链接，如图 5-57 所示。

第4步 弹出【任务栏和「开始」菜单属性】对话框，*1.* 切换到【任务栏】选项卡，*2.* 选中【自动隐藏任务栏】复选框，*3.* 单击【确定】按钮即可隐藏任务栏，如图 5-58 所示。

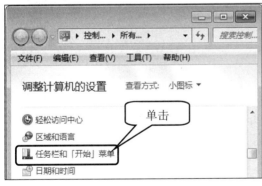

图 5-57

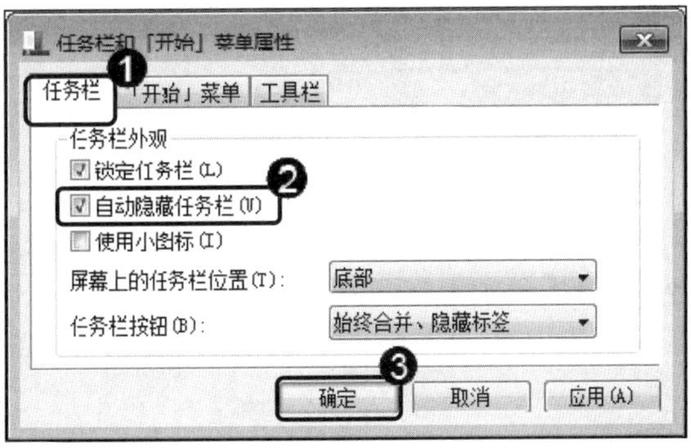

图 5-58

5.4.2 隐藏通知区域图标

通知区域的图标也可以根据用户的需要进行隐藏和显示。下面详细介绍隐藏通知区域图标的操作方法。

第1步 在 Windows 7 系统桌面上，*1.* 单击【开始】按钮，*2.* 在【开始】菜单中选择【控制面板】菜单项,如图 5-59 所示。

第2步 在【控制面板】窗口中,*1.* 单击【类别】按钮,*2.* 在弹出的下拉菜单中选择【小图标】菜单项,如图 5-60 所示。

图 5-59

图 5-60

第3步 在【调整计算机的设置】区域中单击【任务栏和「开始」菜单】链接,如图 5-61 所示。

第4步 弹出【任务栏和「开始」菜单属性】对话框,*1.* 切换到【任务栏】选项卡,*2.* 单击【通知区域】中的【自定义】按钮,如图 5-62 所示。

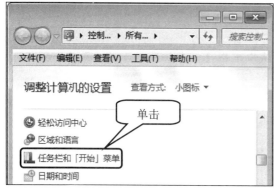

图 5-61

图 5-62

第5步 弹出【通知区域图标】界面,*1.* 在下拉列表框中选择准备隐藏的图标和通知,*2.* 单击【确定】按钮即可隐藏通知栏图标,如图 5-63 所示。

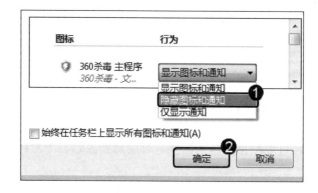

图 5-63

5.4.3　调整任务栏程序按钮

调整任务栏程序按钮的方法非常简单，下面详细介绍调整任务栏程序按钮的操作方法。

第1步　在 Windows 7 系统桌面上，**1.** 单击【开始】按钮，**2.** 在【开始】菜单中选择【控制面板】菜单项，如图 5-64 所示。

第2步　在【控制面板】窗口中，**1.** 单击【类别】按钮，**2.** 在弹出的下拉菜单中选择【小图标】菜单项，如图 5-65 所示。

图 5-64

图 5-65

第3步　在【调整计算机的设置】区域中单击【任务栏和「开始」菜单】链接，如图 5-66 所示。

第4步　弹出【任务栏和「开始」菜单属性】对话框，**1.** 切换到【任务栏】选项卡，**2.** 在【任务栏按钮】下拉列表框中选择排列格式，**3.** 单击【确定】按钮，如图 5-67 所示。

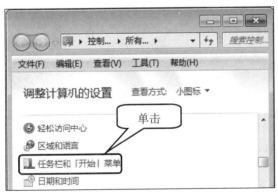

图 5-66

图 5-67

5.5　设置鼠标和键盘

鼠标和键盘是电脑中最重要的输入设备，在 Windows 7 中可以对其进行个性化设置，从而满足使用需要。本节将介绍对鼠标和键盘进行个性化设置的操作方法。

5.5.1 设置鼠标指针选项

在 Windows 7 中，可以设置鼠标的指针选项，从而确定鼠标的移动速度和可见性等内容。下面介绍设置鼠标指针选项的操作方法。

第1步 在 Windows 7 系统桌面上，**1.** 单击【开始】按钮，**2.** 在【开始】菜单中选择【控制面板】菜单项，如图 5-68 所示。

第2步 在【控制面板】窗口中，**1.** 单击【类别】按钮，**2.** 在弹出的下拉菜单中选择【小图标】菜单项，如图 5-69 所示。

图 5-68

图 5-69

第3步 在【调整计算机的设置】区域中单击【鼠标】链接，如图 5-70 所示。

第4步 弹出【鼠标 属性】对话框，**1.** 切换到【指针选项】选项卡，**2.** 在【移动】区域设置指针移动速度，**3.** 选中【提高指针精确度】复选框，**4.** 单击【确定】按钮即可完成设置鼠标指针属性的操作，如图 5-71 所示。

图 5-70

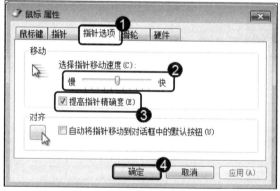

图 5-71

5.5.2 键盘的个性化设置

在 Windows 7 中，可以根据使用需要设置键盘的字符重复和光标闪烁速度等特性，从而满足使用需要。下面介绍键盘个性化设置的操作方法。

第1步 在 Windows 7 系统桌面上，**1.** 单击【开始】按钮，**2.** 在【开始】菜单中选择【控制面板】菜单项，如图 5-72 所示。

第2步 在【控制面板】窗口中，*1.* 单击【类别】按钮，*2.* 在弹出的下拉菜单中选择【小图标】菜单项，如图 5-73 所示。

图 5-72　　　　　　　　　　　　　　　　　　　　图 5-73

第3步 在【调整计算机的设置】区域中单击【键盘】链接，如图 5-74 所示。

第4步 弹出【键盘 属性】对话框，*1.* 切换到【速度】选项卡，*2.* 在【字符重复】区域设置延迟速度，*3.* 在【光标闪烁速度】区域设置闪烁速度，*4.* 单击【确定】按钮即可完成设置键盘的操作，如图 5-75 所示。

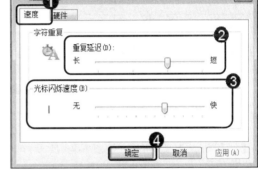

图 5-74　　　　　　　　　　　　　　　　　　　　图 5-75

5.6　Windows 账户管理与安全设置

在 Windows 7 中，如果一台电脑允许多人使用，则可以建立多个账户，从而使每个用户都可以编辑自己的专用工作环境。本节将介绍 Windows 账户管理的方法。

5.6.1　Windows 7 账户的类型

设置用户账户之前需要先清楚 Windows 7 有哪几种账户类型。一般来说，Windows 7 的用户账户有以下 3 种类型。

1. 管理员账户

计算机的管理员账户拥有对全系统的控制权，可以改变系统设置、安装和删除程序、访问计算机上所有的文件。除此之外，它还拥有控制其他用户的权限。Windows 7 中至少要有一个计算机管理员账户。在只有一个计算机管理员账户的情况下，该账户不能将自己改为受限制账户。

2. 标准用户账户

标准用户账户是指受到一定限制的账户，在系统中可以创建多个此类账户，也可以改变其账户类型。该账户可以访问已经安装在计算机上的程序，也可以设置自己账户的图片、密码等，但无权更改计算机的设置。

3. 来宾账户

来宾账户是给那些在计算机上没有用户账户的人使用的，只是一个临时账户。主要用于远程登录的网上用户访问计算机系统。来宾账户仅有最低的权限，没有密码，无法对系统做任何修改，只能查看计算机中的资料。

智慧锦囊

在 Windows 7 系统中，标准用户账户是可以通过设置变成管理员账户的，来宾用户账户则不可以通过设置变成管理员账户。

5.6.2 创建新的用户账户

在 Windows 7 中，如果准备使用其他账户操作电脑，则首先需要添加新的用户账户。下面介绍添加新的用户账户的操作方法。

第 1 步 在 Windows 7 系统桌面上，**1.** 单击【开始】按钮，**2.** 在【开始】菜单中选择【控制面板】菜单项，如图 5-76 所示。

第 2 步 在【控制面板】窗口中，**1.** 单击【类别】按钮，**2.** 在弹出的下拉菜单中选择【类别】菜单项，如图 5-77 所示。

图 5-76

图 5-77

第 3 步 在【用户账户和家庭安全】区域下，单击【添加或删除用户账户】[①]链接，如图 5-78 所示。

---

① 图 5-78 等图中"帐"为错别字，由于图片是 Windows 7 操作系统的截图，所以图中错别字保留原貌，正文则使用正确的"账"字。

第4步 打开管理账户窗口，单击【创建一个新账户】链接，如图 5-79 所示。

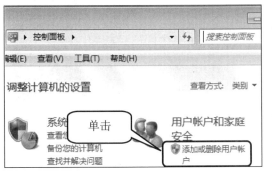

图 5-78   图 5-79

第5步 进入【创建新账户】界面，*1.* 在命名文本框中输入新账户的名称，*2.* 选中【标准用户】单选按钮，*3.* 单击【创建账户】按钮，如图 5-80 所示。

第6步 通过以上步骤即可完成创建新的用户账户的操作，如图 5-81 所示。

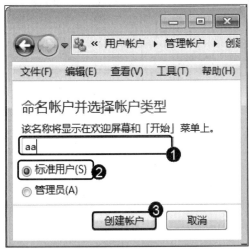

图 5-80   图 5-81

 智慧锦囊

在 Windows 7 系统中，系统默认的管理员账号是不能删除的，只能禁用，用户可以自己重新创建管理员账号，然后将系统默认的管理员账号禁用即可。

5.6.3 设置账户密码

在 Windows 7 中，为防止他人查看或修改自己电脑中的内容，可以为账户设置密码。下面介绍设置账户密码的操作方法。

第1步 在 Windows 7 系统桌面上，*1.* 单击【开始】按钮，*2.* 在【开始】菜单中选择【控制面板】菜单项，如图 5-82 所示。

第2步 在【控制面板】窗口中，*1.* 单击【类别】按钮，*2.* 在弹出的下拉菜单中选择【类别】菜单项，如图 5-83 所示。

图 5-82

图 5-83

第3步 在【调整计算机的设置】区域中单击【用户账户和家庭安全】链接，如图 5-84 所示。

第4步 进入【用户账户和家庭安全】窗口，单击【用户账户】链接，如图 5-85 所示。

图 5-84

图 5-85

第5步 进入【选择希望更改的账户】界面，双击准备设置密码的账户名称，如图 5-86 所示。

第6步 进入更改账户界面，单击【创建密码】链接，如图 5-87 所示。

图 5-86

图 5-87

第 7 步　进入创建密码窗口，*1.* 输入并确认账户密码，*2.* 单击【创建密码】按钮即可完成设置账户密码的操作，如图 5-88 所示。

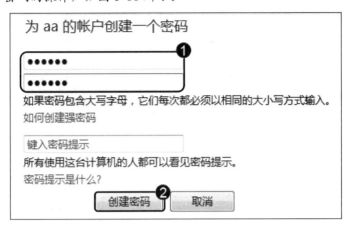

图 5-88

5.6.4　删除不需要的用户账户

在 Windows 7 中可以删除不需要的用户账户，下面介绍其操作方法。

第 1 步　打开【控制面板】窗口，在【用户账户和家庭安全】选项中单击【添加或删除用户账户】链接，如图 5-89 所示。

第 2 步　进入【选择希望更改的账户】界面，双击需要删除的账户，如图 5-90 所示。

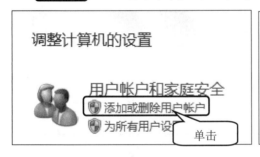

图 5-89

图 5-90

第 3 步　进入【更改 aa 的账户】界面，单击【删除账户】链接，如图 5-91 所示。

第 4 步　弹出确认保留对话框，单击【删除文件】按钮，如图 5-92 所示。

图 5-91

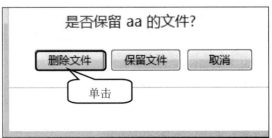

图 5-92

第5步 打开【确认删除】窗口，单击【删除账户】按钮即可完成删除账户的操作，如图 5-93 所示。

图 5-93

5.6.5 设置本地安全选项

本地安全策略是指登录到计算机上的账号定义的一些安全设置，例如限制用户设置密码、通过账户策略设置账户安全性、通过锁定账户策略避免他人登录使用电脑，等等。下面将详细介绍设置本地安全选项的操作方法。

第1步 在 Windows 7 系统桌面上，1. 单击【开始】按钮，2. 在【开始】菜单中选择【控制面板】菜单项，如图 5-94 所示。

第2步 在【控制面板】窗口中，1. 单击【类别】按钮，2. 在弹出的下拉菜单中选择【小图标】菜单项，如图 5-95 所示。

图 5-94

图 5-95

第3步 在【调整计算机的设置】区域中单击【管理工具】链接，如图 5-96 所示。

第4步 进入【管理工具】窗口，双击【本地安全策略】选项，如图 5-97 所示。

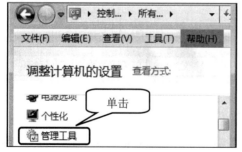

图 5-96

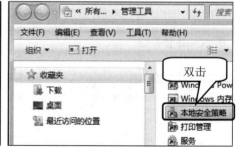

图 5-97

第5步 打开【本地安全策略】窗口，可以在窗口中查看到安全设置包含的所有内容，如图 5-98 所示。

图 5-98

5.6.6　禁用命令提示符

电脑中的某些程序的运行和设置都需要通过命令提示符才能够完成，如果有人要恶意使用命令提示符来破坏系统的话，这时用户可以将命令提示符禁用。这样别人就无法使用命令提示符执行任何命令了。下面详细介绍禁用命令提示符的操作方法。

第1步 在 Windows 7 系统桌面上，*1.* 单击【开始】按钮，*2.* 在【开始】菜单中选择【运行】菜单项，如图 5-99 所示。

第2步 弹出【运行】对话框，*1.* 在【打开】下拉列表框中输入 "gpedit.msc"，*2.* 单击【确定】按钮，如图 5-100 所示。

图 5-99

图 5-100

第3步 打开【本地组策略编辑器】窗口，双击【用户配置】图标，如图 5-101 所示。

第4步 在打开的【用户配置】文件夹中，双击【管理模板】文件夹，如图 5-102 所示。

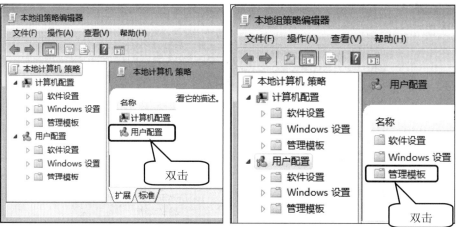

图 5-101　　　　　　　　　　　　　　图 5-102

第 5 步　在打开的【管理模板】文件夹中，双击【系统】文件夹，如图 5-103 所示。

第 6 步　在打开的【系统】文件夹中，**1.** 鼠标右键单击【阻止访问命令提示符】选项，**2.** 在弹出的快捷菜单中选择【编辑】菜单项，如图 5-104 所示。

图 5-103　　　　　　　　　　　　　　图 5-104

第 7 步　弹出【阻止访问命令提示符】对话框，**1.** 选中【已禁用】单选按钮，**2.** 单击【确定】按钮即可完成设置，如图 5-105 所示。

图 5-105

5.7　实践案例与上机指导

通过本章的学习，读者基本可以掌握设置个性化系统的基本知识以及一些常见的操作方法。下面通过练习操作，以达到巩固学习、拓展提高的目的。

5.7.1　设置电源计划

电源任务计划可以将任何脚本、程序或文档安排在某个时间运行。任务计划在每次启动 Windows 7 系统的时候自动启动并在后台运行。下面详细介绍设置电源计划的操作方法。

第 1 步　在 Windows 7 系统桌面上，*1.* 单击【开始】按钮，*2.* 在【开始】菜单中选择【控制面板】菜单项，如图 5-106 所示。

第 2 步　在【控制面板】窗口中，*1.* 单击【类别】按钮，*2.* 在弹出的下拉菜单中选择【小图标】菜单项，如图 5-107 所示。

图 5-106

图 5-107

第 3 步　在【调整计算机的设置】区域中单击【系统和安全】链接，如图 5-108 所示。

第 4 步　打开【系统和安全】窗口，在【管理工具】区域中单击【计划任务】链接，如图 5-109 所示。

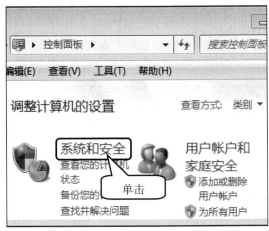

图 5-108

图 5-109

第5步 弹出【任务计划程序】窗口，单击【创建基本任务】选项，如图 5-110 所示。

第6步 弹出【创建基本任务向导】对话框，*1.* 在【名称】文本框中输入名称，*2.* 在【描述】文本框中输入内容，*3.* 单击【下一步】按钮，如图 5-111 所示。

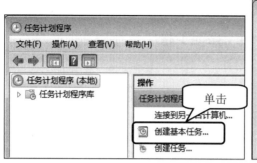 

图 5-110   图 5-111

第7步 进入【任务触发器】界面，*1.* 选中【每天】单选按钮，*2.* 单击【下一步】按钮，如图 5-112 所示。

第8步 进入【每日】界面，*1.* 在【每隔】文本框中输入数值，*2.* 单击【下一步】按钮，如图 5-113 所示。

图 5-112   图 5-113

第9步 进入【操作】界面，*1.* 选中【启动程序】单选按钮，*2.* 单击【下一步】按钮，如图 5-114 所示。

第10步 进入【启动程序】界面，*1.* 在【程序或脚本】文本框中输入地址，*2.* 单击【下一步】按钮，如图 5-115 所示。

图 5-114   图 5-115

第 11 步 进入【启动程序】界面，**1.** 在【程序或脚本】文本框中输入地址，**2.** 然后单击【下一步】按钮，如图 5-116 所示。

第 12 步 进入【摘要】界面，单击【完成】按钮即可完成基本任务的创建，如图 5-117所示。

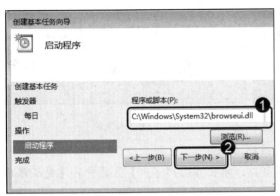

图 5-116

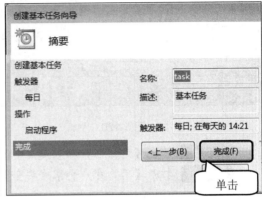

图 5-117

5.7.2　将程序锁定到任务栏

在 Windows 7 操作系统中，可以将程序直接锁定到任务栏中，从而在单击任务栏中的程序图标时可直接启动程序。下面介绍将程序锁定到任务栏的操作方法。

第 1 步 在 Windows 7 桌面中，右键单击准备锁定到任务栏中的程序图标，在弹出的快捷菜单中选择【将此程序锁定到任务栏】菜单项，如图 5-118 所示。

第 2 步 通过上述操作即可将程序锁定到任务栏，如图 5-119 所示。

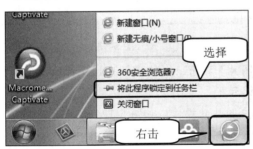

图 5-118

图 5-119

5.7.3　更改账户图片

在 Windows 7 系统中，每个账户都有一个账户图片，用户可以根据喜好更改自己账户的图片。下面介绍更改账户图片的操作方法。

第 1 步 在 Windows 7 系统桌面上，**1.** 单击【开始】按钮，**2.** 在【开始】菜单中选择【控制面板】菜单项，如图 5-120 所示。

第2步 在【控制面板】窗口中，*1.* 单击【类别】按钮，*2.* 在弹出的下拉菜单中选择【类别】菜单项，如图 5-121 所示。

图 5-120

图 5-121

第3步 单击【用户账户和家庭安全】链接，如图 5-122 所示。

第4步 打开【用户账户和家庭安全】窗口，单击【用户账户】区域中的【更改账户图片】链接，如图 5-123 所示。

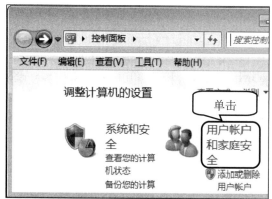

图 5-122

图 5-123

第5步 进入【为您的账户选择一个新图片】界面，*1.* 在图片区域选择准备使用的图片，*2.* 单击【更改图片】按钮，如图 5-124 所示。

第6步 通过以上步骤即可完成更改账户图片的操作，如图 5-125 所示。

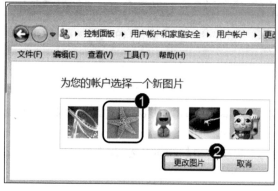

图 5-124

图 5-125

5.7.4　移动桌面小工具

想要移动添加到桌面的小工具非常简单，只需将鼠标指针移到小工具上，按住鼠标左键并拖动，即可将小工具移至其他位置。

5.7.5　删除桌面小工具

删除已经添加的小工具的方法十分简单，用户直接单击小工具右侧的【关闭】按钮 ，即可删除小工具，如图 5-126 所示。

图 5-126

5.8　思考与练习

一、填空题

1. 在 Windows 7 操作系统中，桌面主题是一套完整的＿＿＿＿＿＿和＿＿＿＿＿＿的设置方案，可以使用默认 Windows 7 系统主题，也可以＿＿＿＿＿＿。

2. 显示器的＿＿＿＿＿＿是指单位面积显示像素的数量。＿＿＿＿＿＿是指屏幕画面每秒被刷新的次数，合理地设置显示器的分辨率和刷新率可以保证电脑画面的显示质量，也可有效地保护＿＿＿＿＿＿。

3. ＿＿＿＿＿＿是视窗操作系统中图形用户界面的基本部分，可以称其为操作系统的＿＿＿＿＿＿。在默认状态下，【开始】按钮位于屏幕的＿＿＿＿＿＿。

4. 【电源】按钮的功能包括＿＿＿＿＿＿、＿＿＿＿＿＿和＿＿＿＿＿＿ 3 种。

5. 桌面图标的排序方式有 4 种，分别按照＿＿＿＿＿＿、＿＿＿＿＿＿、项目类型、＿＿＿＿＿＿排序。

6. 在 Windows 系列系统中，＿＿＿＿＿＿是指位于桌面最下方的小长条，主要由【开始】菜单、＿＿＿＿＿＿、语言选项带和＿＿＿＿＿＿组成，而 Windows 7 及其以后版本系统的任务栏右侧都具有显示桌面的功能。

二、判断题

1. 任务栏不可以隐藏。　　　　　　　　　　　　　　　　　　　　　　　　（　　）

2. 鼠标和键盘是电脑中最重要的输出设备，在 Windows 7 中可以对其进行个性化设置，从而满足使用需要。　　　　　　　　　　　　　　　　　　　　　　　　（　　）

3. 一般来说，Windows 7 的用户账户有 3 种类型，分别是管理员账户、标准用户账户和来宾账户。　　　　　　　　　　　　　　　　　　　　　　　　　　　　　（　　）

4. 本地安全策略是指登录到计算机上的账号定义的一些安全设置，例如限制用户设置密码、通过账户策略设置账户安全性、通过锁定账户策略避免他人登录使用电脑等。（　　）

5. 在 Windows 7 系统中，每个账户都有一个账户图片，用户可以根据喜好更改自己账户的图片。　　　　　　　　　　　　　　　　　　　　　　　　　　　　　　（　　）

三、思考题

1. 如何移动桌面小工具？

2. 如何更改账户图片？

第 6 章

应用 Windows 7 的常见附件

本章主要内容

　　本章主要介绍了使用写字板、使用计算器、使用画图程序、使用 Tablet PC 工具、玩游戏等方面的知识与技巧，以及如何使用轻松访问工具。在本章的最后还针对实际的工作需求，讲解了使用便笺、使用截图工具、使用录音机的方法。通过本章的学习，读者可以掌握 Windows 7 中常见附件方面的知识，为深入学习电脑知识奠定基础。

6.1　使用写字板

在 Windows 7 操作系统中，系统自带了具有强大的文字和图片处理功能的写字板，可以在其中进行输入并设置文字、插入图片和绘图等操作。本节将详细介绍使用写字板的方法。

6.1.1　输入汉字

启动写字板后，选择合适的输入法即可在写字板中输入汉字。下面介绍在写字板中输入汉字的操作方法。

第1步　在 Windows 7 系统桌面上，*1.* 单击【开始】按钮，*2.* 在弹出的菜单中选择【所有程序】菜单项，如图 6-1 所示。

第2步　在【所有程序】菜单中，*1.* 展开【附件】菜单项，*2.* 在展开的【附件】菜单项中选择【写字板】菜单项，如图 6-2 所示。

图 6-1　　　　　　　　　　　　　　　　　图 6-2

第3步　选择经常使用的汉字输入法选项，输入汉语拼音，如图 6-3 所示。

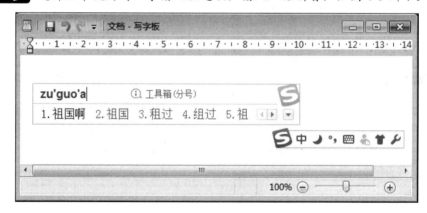

图 6-3

6.1.2 插入图片

在 Windows 7 的写字板中，可以插入电脑中的图片，从而丰富文档内容。下面介绍在写字板中插入图片的操作方法。

第 1 步 将光标定位在写字板中，*1.* 选择【主页】选项卡，*2.* 在【插入】组中单击【图片】按钮 ，如图 6-4 所示。

第 2 步 弹出【选择图片】对话框，*1.* 选择准备插入的图片选项，*2.* 单击【打开】按钮，如图 6-5 所示。

图 6-4

图 6-5

第 3 步 通过上述操作即可在写字板中插入图片，效果如图 6-6 所示。

图 6-6

6.1.3 保存文档

使用写字板工具编辑完成文档后，可以将编辑好的文档保存到电脑中，以备日后查看或使用。下面介绍保存写字板文档的操作方法。

第 1 步 在写字板中完成操作后，*1.* 单击【写字板】按钮 ，*2.* 在展开的菜单中选择【保存】菜单项，如图 6-7 所示。

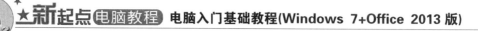

第2步 弹出【保存为】对话框，**1.** 在【文件名】下拉列表框中输入文件名，**2.** 单击【保存】按钮，如图 6-8 所示。

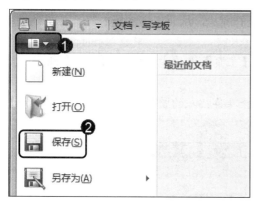

图 6-7

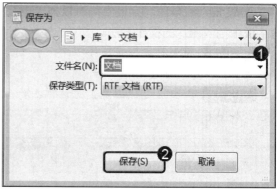

图 6-8

第3步 通过上述操作即可保存文档，效果如图 6-9 所示。

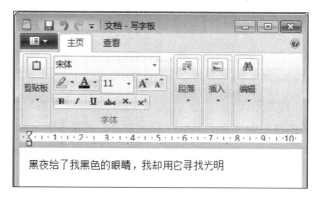

图 6-9

6.2　使用计算器

在 Windows 7 操作系统中，使用系统自带的计算器可以进行数据的计算，如管理家庭或公司的开支状况等。本节将介绍使用计算器进行运算的方法。

6.2.1　使用计算器进行四则运算

在 Windows 7 中启动计算器后，使用计算器可以进行简单的四则运算，从而节省计算时间。下面以计算 26*8+6 为例，介绍进行四则运算的操作方法。

第1步 在 Windows 7 系统桌面上，**1.** 单击【开始】按钮，**2.** 在弹出的菜单中选择【所有程序】菜单项，如图 6-10 所示。

第2步 在【所有程序】菜单中，**1.** 展开【附件】菜单项，**2.** 在展开的【附件】菜单项中选择【计算器】菜单项，如图 6-11 所示。

图 6-10　　　　　　　　　　　　　　　　　　　　图 6-11

第 3 步　打开【计算器】窗口，单击 2 按钮，单击 6 按钮，单击*按钮，单击 8 按钮，单击+按钮，单击 6 按钮，单击=按钮，如图 6-12 所示。

第 4 步　通过上述操作即可完成 26*8+6 的四则运算，计算结果如图 6-13 所示。

图 6-12　　　　　　　　　　　　　　　　　　　　图 6-13

6.2.2　使用计算器进行科学计算

将计算器转换为科学型后，可以进行复杂的科学运算，从而节省运算时间。下面以计算 "$8^9+10^5-7!$" 为例，介绍使用计算器进行科学计算的方法。

第 1 步　在 Windows 7 中打开【计算器】窗口，_1._ 选择【查看】菜单，_2._ 在弹出的下拉菜单中选择【科学型】菜单项，如图 6-14 所示。

第 2 步　单击 8 按钮，单击 x^y 按钮，单击 9 按钮，单击+按钮，单击 5 按钮，单击 10^x 按钮，单击-按钮，单击 7 按钮，单击 n!按钮，单击=按钮，如图 6-15 所示。

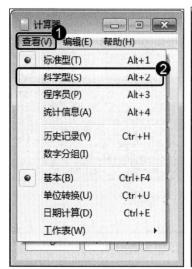

图 6-14

图 6-15

第 3 步 通过上述操作即可完成 $8^9+10^5-7!$ 的运算，计算结果如图 6-16 所示。

图 6-16

6.3 使用画图程序

在 Windows 7 操作系统中，自带了画图程序，利用画图程序可以在电脑中画图并保存图画。本节将介绍管理电脑软件的方法。

6.3.1 在电脑中画图

Windows 7 自带了画图程序，使用该程序可以在电脑中画图，并与家人分享。下面介绍在电脑中画图的操作方法。

第1步 在 Windows 7 系统桌面上，**1.** 单击【开始】按钮，**2.** 在弹出的菜单中选择【所有程序】菜单项，如图 6-17 所示。

第2步 在【所有程序】菜单中，**1.** 展开【附件】菜单项，**2.** 在展开的【附件】菜单项中选择【画图】菜单项，如图 6-18 所示。

图 6-17　　　　　　　　　　　　　　图 6-18

第3步 在打开的画图面板中，选择【主页】选项卡，**1.** 在【颜色】组中单击【颜色 1】按钮，**2.** 在后面的颜色块区域选择【颜色 1】的颜色，如图 6-19 所示。

第4步 在【颜色】组中，**1.** 单击【颜色 2】按钮，**2.** 在颜色框中选择准备应用的颜色选项，如图 6-20 所示。

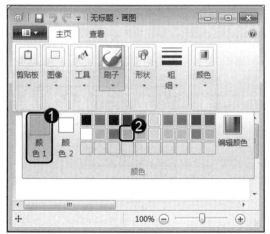

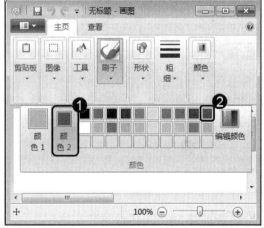

图 6-19　　　　　　　　　　　　　　图 6-20

第5步 单击【刷子】按钮 下部，在弹出的下拉列表中选择准备应用的刷子选项，如图 6-21 所示。

第6步 移动鼠标指针至画图程序的工作区域，单击并拖动鼠标左键，使用颜色 1 在工作区域画图。释放鼠标左键后，单击【颜色 2】按钮，使用颜色 2 在工作区画图，如图 6-22 所示。

图 6-21 图 6-22

6.3.2 保存图像

在画图程序中完成图像的绘制后，可以将其保存到电脑中，以备日后查看。下面介绍保存图像的操作方法。

第 1 步 在画图程序中绘制图形后，1. 单击【画图】按钮 ，2. 在展开的菜单中选择【保存】菜单项，如图 6-23 所示。

第 2 步 弹出【保存为】对话框，1. 在【文件名】下拉列表框中输入文件名，2. 单击【保存】按钮，如图 6-24 所示。

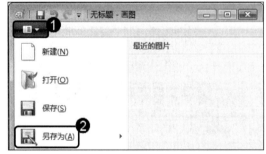
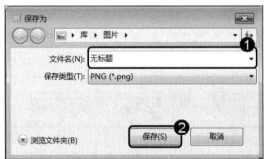

图 6-23 图 6-24

第 3 步 通过上述操作即可保存图像，如图 6-25 所示。

图 6-25

6.4　使用 Tablet PC 工具

在 Windows 7 操作系统中，使用系统自带的 Tablet PC 工具，如 Tablet PC 输入面板和 Windows 日记本等，可以进行文本的输入和保存。本节将介绍使用 Tablet PC 输入面板和 Windows 日记本的方法。

6.4.1　使用 Tablet PC 输入面板

下面以使用 Tablet PC 输入面板在写字板中输入"了"字为例，介绍使用 Tablet PC 输入面板的方法。

第 1 步　在 Windows 7 系统桌面上，*1.* 单击【开始】按钮，*2.* 在弹出的菜单中选择【所有程序】菜单项，如图 6-26 所示。

第 2 步　在【所有程序】菜单中，*1.* 展开【附件】菜单项，*2.* 在展开的【附件】菜单项中选择 Tablet PC 菜单项，*3.* 在 Tablet PC 菜单项中选择【Tablet PC 输入面板】菜单项，如图 6-27 所示。

图 6-26

图 6-27

第 3 步　打开 Tablet PC 输入面板，在编辑界面中移动鼠标指针，在网格中写下"了"，如图 6-28 所示。

第 4 步　Tablet PC 输入面板自动识别输入的汉字，如图 6-29 所示。

图 6-28

图 6-29

第 5 步 通过上述操作即可使用 Tablet PC 输入面板，如图 6-30 所示。

图 6-30

6.4.2 使用 Windows 日记本

Windows 日记本是 Windows 7 操作系统自带的附件，用户可以像在普通纸面上一样写日记，也可以插入图片或用荧光笔装扮日记。下面介绍使用 Windows 日记本的操作方法。

第 1 步 在 Windows 7 系统桌面上，**1.** 单击【开始】按钮，**2.** 在弹出的菜单中选择【所有程序】菜单项，如图 6-31 所示。

第 2 步 在【所有程序】菜单中，**1.** 展开【附件】菜单项，**2.** 在展开的【附件】菜单项中选择【Windows 日记本】菜单项，如图 6-32 所示。

图 6-31

图 6-32

第 3 步 在日记本窗口中，拖动鼠标左键书写内容，如图 6-33 所示。

第 4 步 单击【文件】菜单，在弹出的菜单中选择【保存】菜单项，如图 6-34 所示。

图 6-33

图 6-34

第5步　弹出【另存为】对话框，*1.* 在【文件名】下拉列表框中输入文件名，*2.* 单击【保存】按钮即可完成使用 Windows 日记本的操作，如图 6-35 所示。

图 6-35

6.5　使用轻松访问工具

在 Windows 7 操作系统中，使用系统自带的轻松访问工具，可以使电脑的使用更加方便。本节将介绍轻松访问工具的使用方法，如放大镜、讲述人和屏幕键盘的使用方法。

6.5.1　使用放大镜

在 Windows 7 操作系统中，使用放大镜可以将准备查看的内容放大，从而便于视力不好的用户使用。下面介绍使用放大镜的操作方法。

第1步　在 Windows 7 系统桌面上，*1.* 单击【开始】按钮，*2.* 在弹出的菜单中选择【所有程序】菜单项，如图 6-36 所示。

第2步　在【所有程序】菜单中，*1.* 展开【附件】菜单项，*2.* 在展开的【附件】菜单项中选择【轻松访问】菜单项，*3.* 选择【放大镜】菜单项，如图 6-37 所示。

图 6-36　　　　　　　　　　　　　　　　　　　图 6-37

第3步 打开【放大镜】窗口，**1.** 单击【视图】按钮，**2.** 在弹出的下拉菜单中选择【镜头】菜单项，如图 6-38 所示。

第4步 屏幕中显示镜头，在镜头中可以看到放大的桌面内容，通过以上操作即可完成使用放大镜的操作，如图 6-39 所示。

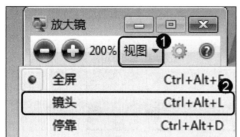

图 6-38

图 6-39

6.5.2 使用讲述人

在 Windows 7 操作系统中，使用讲述人可以将屏幕上的文本转换为语音，从而为弱视或不能长时间观看屏幕的人提供方便。下面介绍使用讲述人的方法。

第1步 在 Windows 7 系统桌面上，**1.** 单击【开始】按钮，**2.** 在弹出的菜单中选择【所有程序】菜单项，如图 6-40 所示。

第2步 在【所有程序】菜单中，**1.** 展开【附件】菜单项，**2.** 在展开的【附件】菜单项中选择【轻松访问】菜单项，**3.** 选择【讲述人】菜单项，如图 6-41 所示。

图 6-40

图 6-41

第3步 在【Microsoft 讲述人】对话框的【主要"讲述人"设置】区域选中准备应用的讲述人设置复选框，保证电脑连接音箱或耳机后，即可听到讲述人朗读屏幕上的内容，如图 6-42 所示。

图 6-42

6.5.3 使用屏幕键盘

通过鼠标单击屏幕键盘可以模拟键盘输入，下面介绍其操作方法。

第1步 在 Windows 7 系统桌面上，*1.* 单击【开始】按钮，*2.* 在弹出的菜单中选择【所有程序】菜单项，如图 6-43 所示。

第2步 在【所有程序】菜单中，*1.* 展开【附件】菜单项，*2.* 在展开的【附件】菜单项中选择【轻松访问】菜单项，*3.* 选择【屏幕键盘】菜单项，如图 6-44 所示。

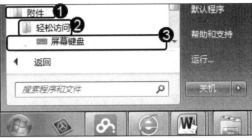

图 6-43 图 6-44

第3步 打开【屏幕键盘】窗口，单击【选项】按键，如图 6-45 所示。

第4步 在【选项】对话框中，*1.* 选中【单击按键】单选按钮，*2.* 单击【确定】按钮，如图 6-46 所示。

图 6-45 图 6-46

第5步 启动写字板，使用鼠标依次单击屏幕键盘上的相应按键，即可输入字符，如图 6-47 所示。

图 6-47

6.6 玩 游 戏

在 Windows 7 操作系统中，还有许多自带的好玩的小游戏，使用户能够在繁忙的工作之余，放松一下心情。本节将介绍在 Windows 7 操作系统中游戏的操作方法。

6.6.1 扫雷游戏

扫雷是 Windows 7 操作系统中一款经典的记忆和推理小游戏，在玩的时候可以锻炼人的推理能力。下面详细介绍玩扫雷游戏的玩法。

第1步 在 Windows 7 系统桌面上，*1.* 单击【开始】按钮，*2.* 在弹出的菜单中选择【所有程序】菜单项，如图 6-48 所示。

第2步 在【所有程序】菜单中，*1.* 展开【游戏】菜单项，*2.* 在展开的【游戏】菜单项中选择【扫雷】菜单项，如图 6-49 所示。

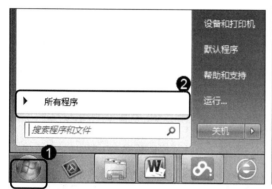

图 6-48

图 6-49

第3步 弹出【扫雷】界面，*1.* 单击【游戏】菜单，*2.* 在弹出的菜单中选择【选项】菜单项，如图 6-50 所示。

第4步 弹出【选项】对话框中，*1.* 选择难度如【初级】，*2.* 单击【确定】按钮，如图 6-51 所示。

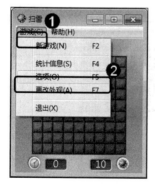

图 6-50

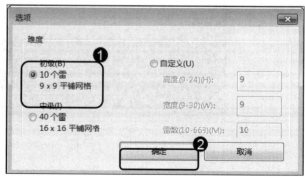

图 6-51

第5步　打开【扫雷】窗口，单击空白的方块。每个方块中的数字表示在此方块周围的 8 个方块中地雷的数目。根据空白方块中的数字提示，推理出地雷的位置，鼠标右键单击，插上小红旗，如图 6-52 所示。

第6步　将游戏中所有地雷位置都插上小红旗后，游戏结束，弹出【游戏胜利】对话框。单击【退出】按钮即可退出游戏，或者单击【再玩一局】按钮即可开始新游戏，如图 6-53 所示。

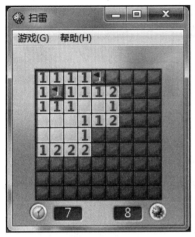

图 6-52

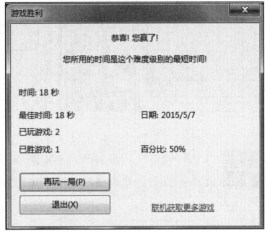

图 6-53

6.6.2　蜘蛛纸牌游戏

蜘蛛纸牌游戏共分初级(单色)、中级(双色)以及高级(四色)三种游戏难度。游戏由鼠标单击操作来实现，玩法很简单，只要每一种花色的牌按照顺序从 A~K 连成串就能消去。下面详细介绍蜘蛛纸牌游戏的玩法。

第1步　在 Windows 7 系统桌面上，*1.* 单击【开始】按钮，*2.* 在弹出的菜单中选择【所有程序】菜单项，如图 6-54 所示。

第2步　在【所有程序】菜单中，*1.* 展开【游戏】菜单项，*2.* 在展开的【游戏】菜单项中选择【蜘蛛纸牌】菜单项，如图 6-55 所示。

图 6-54

图 6-55

第3步 弹出【蜘蛛纸牌】游戏界面，**1.** 单击【游戏】菜单，**2.** 在弹出的菜单中选择【选项】菜单项，如图 6-56 所示。

第4步 弹出【选项】对话框中，**1.** 选择难度如"初级"，**2.** 单击【确定】按钮，如图 6-57 所示。

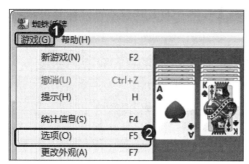

图 6-56

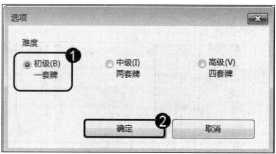

图 6-57

第5步 开始游戏，将指派按照 A～K 的顺序排好即可，如图 6-58 所示。

第6步 完成游戏后，弹出【游戏胜利】对话框，可以选择再玩一局或退出游戏，如图 6-59 所示。

图 6-58

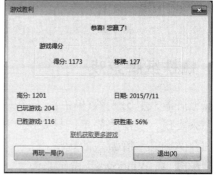

图 6-59

6.7　实践案例与上机指导

通过本章的学习，读者基本可以掌握 Windows 7 常见附件的基本知识以及一些常见的操作方法。下面通过练习，以达到巩固学习、拓展提高的目的。

6.7.1　使用便笺

在 Windows 7 中，使用便笺可以记录当日工作情况，方便日后查看。下面详细介绍使用便笺的操作方法。

第1步 在 Windows 7 系统桌面上，**1.** 单击【开始】按钮，**2.** 在弹出的菜单中选择

【所有程序】菜单项，如图 6-60 所示。

第2步 在【所有程序】菜单中，*1.* 展开【附件】菜单项，*2.* 在展开的【附件】菜单项中选择【便笺】菜单项，如图 6-61 所示。

| 图 6-60 | 图 6-61 |

第3步 进入便笺界面，输入便笺内容即可完成使用便笺的操作，如图 6-62 所示。

图 6-62

6.7.2 使用截图工具

Windows 7 系统自带的截图工具除了能够对截取的图片进行编辑外，还可以完成文本捕捉等功能。下面详细介绍使用截图工具的操作方法。

第1步 在 Windows 7 系统桌面上，*1.* 单击【开始】按钮，*2.* 在弹出的菜单中选择【所有程序】菜单项，如图 6-63 所示。

第2步 在【所有程序】菜单中，*1.* 展开【附件】菜单项，*2.* 在展开的【附件】菜单项中选择【截图工具】菜单项，如图 6-64 所示。

| 图 6-63 | 图 6-64 |

第3步 在弹出的【截图工具】窗口中，*1.* 单击【新建】按钮右侧的下拉箭头 ，*2.* 在弹出的下拉菜单中选择【任意格式截图】菜单项，如图 6-65 所示。

第4步 鼠标指针变为 形状，单击并拖动鼠标左键在屏幕上绘制任意区域，如图 6-66 所示。

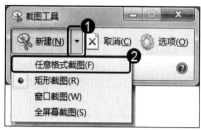

图 6-65

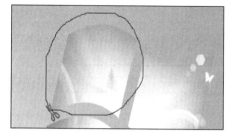

图 6-66

第5步 释放鼠标左键即可打开【截图工具】窗口，在工作区中显示捕捉的屏幕区域，如图 6-67 所示。

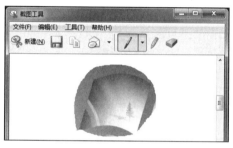

图 6-67

6.7.3 使用录音机

Windows 7 系统中自带的录音机程序可以从不同音频设备中录制声音。下面详细介绍使用录音机的操作方法。

第1步 在 Windows 7 系统桌面上，*1.* 单击【开始】按钮，*2.* 在弹出的菜单中选择【所有程序】菜单项，如图 6-68 所示。

第2步 在【所有程序】菜单中，*1.* 展开【附件】菜单项，*2.* 在展开的【附件】菜单项中选择【录音机】菜单项，如图 6-69 所示。

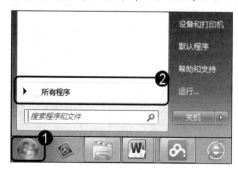

图 6-68

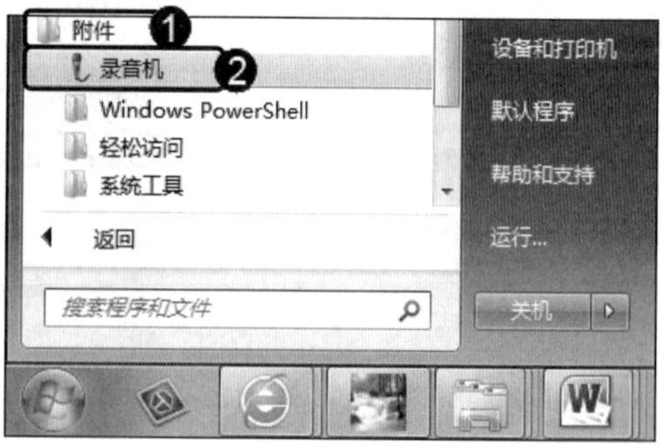

图 6-69

第 3 步　在弹出的【录音机】对话框中，单击【开始录制】按钮即可录音，如图 6-70 所示。

第 4 步　单击【停止录制】按钮结束录音，如图 6-71 所示。

图 6-70　　　　　　　　　　　　　　图 6-71

第 5 步　在弹出的【另存为】对话框中，*1.* 在【文件名】下拉列表框中输入名称，*2.* 单机【保存】按钮即可保存第 4 步中结束录制的音频，如图 6-72 所示。

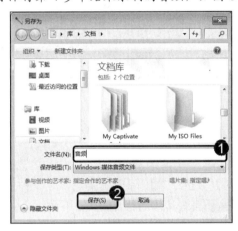

图 6-72

6.7.4　红心大战游戏

红心大战是 Windows 中附带的游戏软件，游戏的规则是出掉手中的牌、避免得分，争取在游戏结束时得分最低。红心大战由 4 个玩家同时进行，使用一副去掉大、小王的扑克牌，只要任何一个玩家的得分超过 100 分，游戏即结束。下面介绍红心大战的玩法。

第 1 步　在 Windows 7 系统桌面上，*1.* 单击【开始】按钮，*2.* 在弹出的菜单中选择【所有程序】菜单项，如图 6-73 所示。

第 2 步　在【所有程序】菜单中，*1.* 展开【游戏】菜单项，*2.* 在展开的【游戏】菜单项中选择【红心大战】菜单项，如图 6-74 所示。

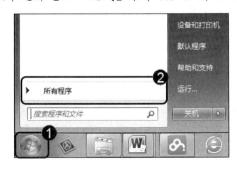　　　　　　　

图 6-73　　　　　　　　　　　　　　图 6-74

第3步 开始游戏，首先须选出三张牌传给下家。在每轮中必须出相同花色的牌，谁出的牌大谁将在该轮中获胜。每轮游戏结束时，每张红心计 1 分，黑桃皇后计 13 分，如图 6-75 所示。

第4步 一轮游戏结束时弹出当前游戏排名对话框，单击【开始下一轮】按钮即可继续游戏，如图 6-76 所示。

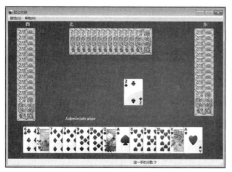

图 6-75

图 7-76

6.7.5 Chess Titans 游戏

Chess Titans 是微软公司开发的一款国际象棋游戏，是一种复杂的策略游戏。游戏的规则是将对方的王将死，每个棋子都有具体的行走规则。下面将介绍 Chess Titans 游戏的玩法。

第1步 在 Windows 7 系统桌面上，**1.** 单击【开始】按钮，**2.** 在弹出的菜单中选择【所有程序】菜单项，如图 6-77 所示。

第2步 在【所有程序】菜单中，**1.** 展开【游戏】菜单项，**2.** 在展开的【游戏】菜单项中选择 Chess Titans 菜单项，如图 6-78 所示。

图 6-77

图 6-78

第3步 在弹出的【选择难度】对话框中，选择游戏难度，如选择【初级】，如图 6-79 所示。

第4步 打开 Chess Titans 游戏窗口，依据游戏规则移动棋子、保全自己的王，将死对方的王，如图 6-80 所示。

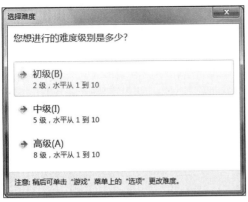

图 6-79

图 6-80

6.8　思考与练习

一、填空题

1. 在 Windows 7 操作系统中，系统自带了具有强大的文字和图片处理功能的写字板，可以在写字板中进行＿＿＿＿＿＿＿＿＿、＿＿＿＿＿＿＿＿＿和＿＿＿＿＿＿＿＿＿等操作。

2. Windows 7 系统自带的计算器可以进行＿＿＿＿＿＿运算和＿＿＿＿＿＿运算。

3. 在 Windows 7 操作系统中，使用系统自带的 Tablet PC 工具，如＿＿＿＿＿＿＿＿＿和＿＿＿＿＿＿＿＿＿等，可以进行文本的输入和保存。

4. Windows 7 系统中的轻松访问工具有＿＿＿＿＿＿＿、＿＿＿＿＿＿＿和＿＿＿＿＿＿。

二、判断题

1. 在 Windows 7 操作系统中，使用讲述人可以将屏幕上的文本转换为语音，从而为弱视或不能长时间观看屏幕的人提供方便。　　　　　　　　　　　　　　（　　）

2. 蜘蛛纸牌游戏共分初级(单色)、中级(双色)以及高级(四色)三种游戏难度。游戏由鼠标单击操作来实现，玩法很简单，只要每一种花色的牌按照顺序从 A～K 连成串就能消去。（　　）

3. 红心大战由 4 个玩家同时进行，使用一副去掉大、小王的扑克牌，只要任何一个玩家的得分超过 200 分，游戏即结束。　　　　　　　　　　　　　　（　　）

三、思考题

1. 如何使用 Windows 7 系统中的便笺？

2. 如何使用 Windows 7 系统中的截图工具？

新起点
电脑教程

第 7 章

学会输入汉字

本章要点

- 汉字输入法分类
- 输入法管理
- 微软拼音输入法
- 五笔输入法

本章主要内容

本章主要介绍了汉字输入法分类、输入法管理、微软拼音输入法方面的知识与技巧，同时还讲解了五笔输入法的相关知识，在本章的最后还针对实际的工作需求，讲解了搜狗拼音输入法和百度拼音输入法的有关内容。通过本章的学习，读者可以掌握汉字输入方面的知识，为深入学习电脑知识奠定基础。

7.1 汉字输入法分类

汉字输入法是指为了将汉字输入到电脑等电子设备中而采用的一种编码方法，是输入信息的一种重要技术。根据键盘输入的类型可将汉字输入法分为音码、形码和音形码三种。

7.1.1 音码

使用音码这类输入法时，读者只要会拼写汉语拼音就可以进行汉字方面的录入工作。它比较符合人的思维模式，非常适用于电脑初学者进行学习操作。

1. 常见的音码输入法

下面简单介绍几种常见的音码输入法，用户可以根据需要选择使用。

➢   微软拼音输入法：是一种智能型的拼音输入法。用户可以连续输入整句话的拼音，不必人工分词和挑选候选词组，大大提高了输入文字的效率。

➢   搜狗拼音输入法：主流的一种拼音输入法，支持自动更新网络新词和拥有整合符号等功能，对提高用户输入文字的准确性和输入速度有明显帮助。

➢   紫光拼音输入法：是一种功能十分强大的输入法。具有智能组词、精选大容量词库和个性界面等特色，得到了广泛的推广和应用。

2. 音码输入法的缺点

音码有自身的缺点，如在使用音码输入汉字时，对使用者拼写汉语拼音的能力有较高的要求。在候选汉字时，会出现同音字重码率高，输入效率低的现象。在遇到不认识的字或生僻字时，就难以快速地输入等缺点。

但随着科学技术的发展与进步，新的拼音输入法在智能组词、兼容性等方面都得到了很大提升。

知识精讲

　　除了上文介绍过的微软拼音输入法、搜狗拼音输入法和紫光拼音输入法以外，还有很多种类的音码输入法供用户选择使用。用户可以根据自己的喜好和需求下载安装。

7.1.2 形码

形码是一种先将汉字的笔画和部首进行字根的编码，然后再根据这些基本编码组合成汉字的输入方法。其优点是，因为不受汉字拼音的影响，所以只要熟练掌握形码输入的技巧，输入汉字的效率就会远胜于音码输入法。

1. 常用的形码输入法

形码对用户轻松输入汉字有着至关重要的作用，常用的有以下几种。

➢ 五笔字型：优点是输入键码短、输入时间快。一个字或一个词组最多也只有四个码，这样高效地节省了输入时间，提高了打字的速度。

➢ 表形码：按照汉字的书写顺序用部件来进行编码。表形码的代码与汉字的字形或字音有关联，所以形象直观，比其他的形码要容易掌握。

2. 常用的五笔形码输入法

下面简单介绍几种常用的五笔形码输入法。

➢ 王码五笔字型输入法：共有 1986 版和 1998 版两个版本。1998 版王码五笔字型输入法与 1986 版王码五笔字型输入法相比较，码元分布更加合理，更便于记忆。

➢ 智能五笔字型输入法：是我国第一套支持全部国际扩展汉字库(GBK)汉字编码的五笔输入法。支持繁体汉字的输入、智能选词和语句提示等功能。内含丰富的词库。

7.1.3　音形码

音形码输入法的特点是输入方法不局限于音码或形码，它将某些汉字输入系统的优点有机结合起来，使一种输入法可以包含多种输入法。

1. 常见的音形码输入法

使用音形码输入汉字，用户可以提高打字的速度和准确度。常见的音形码有以下几种。

➢ 自然码：具有高效的双拼输入、特有识别码技术、兼容其他输入法等特点，并且支持全拼、简拼和双拼等输入方式。

➢ 郑码：是以单字输入为基础，词语输入为主导，用 2～4 个英文字母便能输入两字词组、多字词组和 30 个字以内的短语的一种输入方式。

2. 常用的音形码输入法

随着网络技术的进步，音形码类型的输入法种类不断增多，常用的音形码输入法有以下几种。

➢ 万能五笔字型输入法：是一种集合五笔字型、拼音、中译英和英译中等功能于一体的新型输入法。其特点是在五笔字型输入状态下，当用户不知道该如何拆分将要输入的某个汉字时，可以在输入框输入拼音，取得该汉字。

➢ 大众形音输入法：是一种"先形后音"的编码输入方法，着重解决了易用性问题，攻克了全形码字根难记、重码偏高等问题。

7.2 输入法管理

如果准备在电脑中输入汉字，则首先需要对系统中的输入法进行设置，如添加输入法、删除输入法、选择输入法和切换输入法等。本节将介绍在 Windows 7 系统中设置系统输入法的方法。

7.2.1 添加输入法

设置添加自己熟悉的输入法，可以提高文字输入的速度和精准度，同时也可以提高工作的效率。下面详细介绍一下在 Windows 7 操作系统中添加输入法的操作方法。

第1步 在 Windows 7 系统桌面上，**1.** 在语言栏单击【选项】按钮，**2.** 在弹出的下拉菜单中选择【设置】菜单项，如图 7-1 所示。

第2步 弹出【文本服务和输入语言】对话框，**1.** 选择【常规】选项卡，**2.** 单击【添加】按钮，如图 7-2 所示。

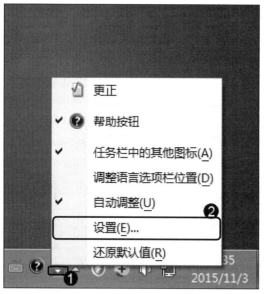

图 7-1

图 7-2

第3步 弹出【添加输入语言】对话框，**1.** 在【使用下面的复选框选择要添加的语言】列表框中选中准备添加的输入法复选框，**2.** 单击【确定】按钮，如图 7-3 所示。

第4步 返回【文本服务和输入语言】对话框，单击【确定】按钮即可完成输入法的添加，如图 7-4 所示。

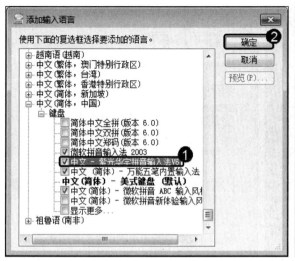

图 7-3

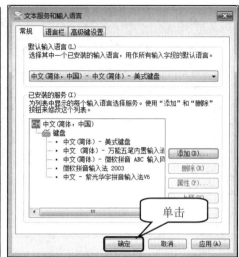

图 7-4

第 5 步　在语言栏单击【中文(简体)】按钮，在弹出的输入法菜单中便可显示添加的
输入法，如图 7-5 所示。

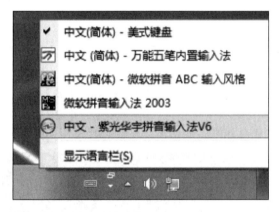

图 7-5

7.2.2　删除输入法

删除输入法是指删除输入法列表中长期不使用的输入法，从而使输入法列表保持整洁，
便于输入法的选择。删除输入法的方法非常简单，下面详细介绍在 Windows 7 系统中删除
输入法的操作方法。

第 1 步　在 Windows 7 系统桌面上，**1.** 在语言栏单击【选项】按钮，**2.** 在弹出的
下拉菜单中选择【设置】菜单项，如图 7-6 所示。

第 2 步　弹出【文本服务和输入语言】对话框，**1.** 选择【常规】选项卡，**2.** 选择准
备删除的输入法，**3.** 单击【删除】按钮，**4.** 单击【确定】按钮即可删除输入法，如图 7-7
所示。

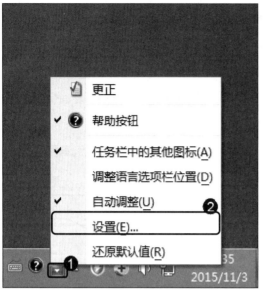

图 7-6

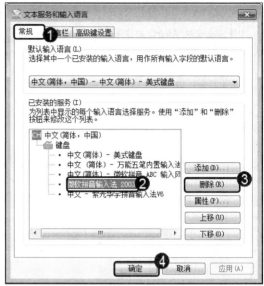

图 7-7

7.2.3 切换输入法

切换输入法是指从一种输入法切换至另一种输入法。切换输入法的方法很简单，下面详细介绍其操作方法。

第 1 步 在语言栏中，**1.** 单击【中文(简体)-美式键盘】按钮，**2.** 在弹出的输入法菜单中选择准备使用的输入法选项如【中文(简体)-搜狗拼音输入法】，如图 7-8 所示。

第 2 步 通过上述操作即可完成切换输入法的操作，如图 7-9 所示。

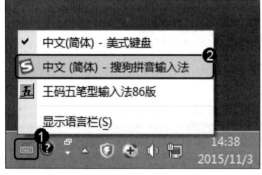

图 7-8

图 7-9

智慧锦囊

切换输入法还可以使用 Ctrl+Shift 快捷键，也可以在控制面板中的【时钟、语言和区域】链接中详细设置自己喜欢的快捷键。

7.2.4　设置默认的输入法

电脑中默认的输入法一般是美式键盘，也就是说每次打字的时候都需要切换到中文输入法，这给工作带来了不便。为此，用户可以根据需要设置默认的输入法。下面详细介绍设置默认输入法的方法。

第 1 步　在 Windows 7 系统桌面上，*1.* 在语言栏单击【选项】按钮，*2.* 在弹出的下拉菜单中选择【设置】菜单项，如图 7-10 所示。

第 2 步　弹出【文本服务和输入语言】对话框，*1.* 选择【常规】选项卡，*2.* 在【默认输入语言】区域单击下拉按钮选择默认输入法，*3.* 单击【确定】按钮即可完成默认输入法的设置，如图 7-11 所示。

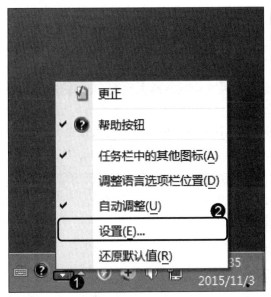

图 7-10

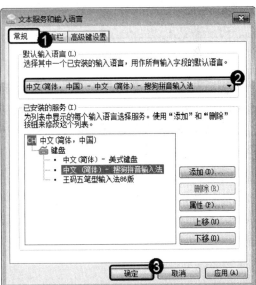

图 7-11

7.3　微软拼音输入法

微软拼音输入法是比较常用的一款汉字输入法，只要掌握汉字的拼音即可输入汉字，而且词组比较智能化，因此受到广大使用者的喜爱。本节将介绍使用微软拼音输入法进行全拼输入、简拼输入的操作方法。

7.3.1　全拼输入词组

全拼输入是指在输入汉字词语时，输入汉字的全部拼音，从而输入汉字的方法。下面以输入词组"渤海湾"为例，介绍全拼输入的操作方法。

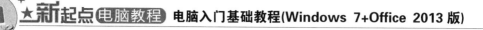

第1步 在 Windows 7 系统桌面上，**1.** 单击【开始】按钮，**2.** 在弹出的【开始】菜单中选择【所有程序】菜单项，如图 7-12 所示。

第2步 在弹出的【所有程序】菜单中，**1.** 单击【附件】菜单项，**2.** 在打开的【附件】菜单中单击【记事本】菜单项，如图 7-13 所示。

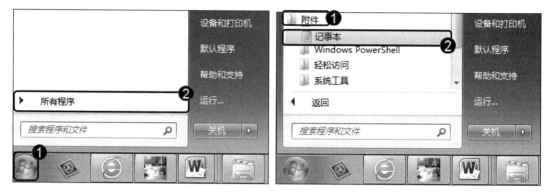

图 7-12   图 7-13

第3步 在记事本中，使用"微软拼音体验版"输入法输入词组"渤海湾"的拼音 bohaiwan，如图 7-14 所示。

第4步 在键盘上按空格键确认选择词条 1，再次按空格键即可完成使用全拼输入词组的操作，如图 7-15 所示。

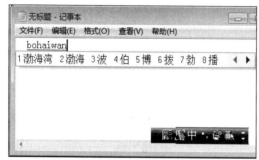

图 7-14

图 7-15

7.3.2   简拼输入词组

简拼输入是指在输入汉字词语时，仅输入汉字的汉语拼音首字母即可输入汉字的方法。简拼输入的方法因减少了输入字母的数量，从而可以快速提高输入速度。下面以输入词组"渤海湾"为例，介绍全拼输入的操作方法。

第1步 在记事本中，使用"微软拼音体验版"输入法输入词组"渤海湾"的拼音 bhw，如图 7-16 所示。

第2步 在键盘上按空格键确认选择词条 1，再次按空格键即可完成使用简拼输入词组的操作，如图 7-17 所示。

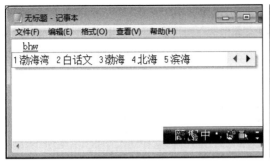

图 7-16

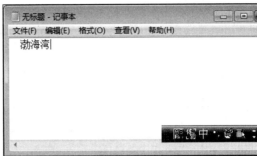

图 7-17

7.4　五笔输入法

五笔输入法是当前使用最广泛的一种中文输入法。由于五笔输入法依据汉字的字形特征和书写习惯，采用字根输入方案，因此具有重码少、词汇量大、输入速度快等特点。本节将详细介绍五笔输入法的有关知识。

7.4.1　汉字的构成

五笔输入法属于汉字的形码输入方法，采用字形分解、拼形输入(相对于"拼音输入")的编码方案。五笔输入法按照汉字构成的基本规律，并结合电脑处理汉字的能力，将汉字分成笔画、字根和单字三个层次。

1. 笔画

笔画是书写汉字时一次写成的连续不断的线段。笔画自身可以成为简单的文字，如汉字"一"。

五笔输入法依据书写汉字时的运笔方向，将汉字的基本构成单位规定为横、竖、撇、捺、折，五种基本笔画。

2. 字根

字根是构成汉字最重要、最基本的单位，由若干笔画交叉连接而形成。在组成单字时相对不变的结构称之为字根。字根具有形状和含义。

3. 单字

在五笔输入法中，单字是指字根与字根之间，按照一定的位置关系拼装组合而成的汉字。例如我、你、幸和福等，在五笔字型输入法中，都被称为"单字"。

笔画是汉字最基本的组成单位，是字根五笔输入法中构成单字的灵魂。笔画、字根和单字的构成关系，如表 7-1 所示。

表 7-1　笔画、字根和单字的构成关系

笔　画	字　根	单　字
丿、一、丶、乙	竹、丿、二、乙	笔
一、丨、乛、乚	一、田、凵	画
丶、丿、冖、乙、一	宀、子	字
丶、丿、丨、乛、一	丷、日、十	单

7.4.2　五笔字根在键盘上的分布

五笔输入法精选出了 130 个常用字根，称为"基本字根"。没有入选的字根称为"非基本字根"。"非基本字根"是可以拆分成基本字根的。如汉字"不"，还可以拆分成"一"和"小"两个基本字根。

130 个基本字根中，其本身就是汉字的，如王、木、工等，称为"成字字根"。其本身不能构成汉字的，如宀、凵等，称为"非成字字根"。

五笔汉字编码原理是将这 130 个常用的基本字根按照一定规律，分配在电脑键盘上。只要把五笔输入法的字根对应放在英文字母按键上，这个键盘就成为一个五笔字根键盘了。其分布情况，如图 7-18 所示。

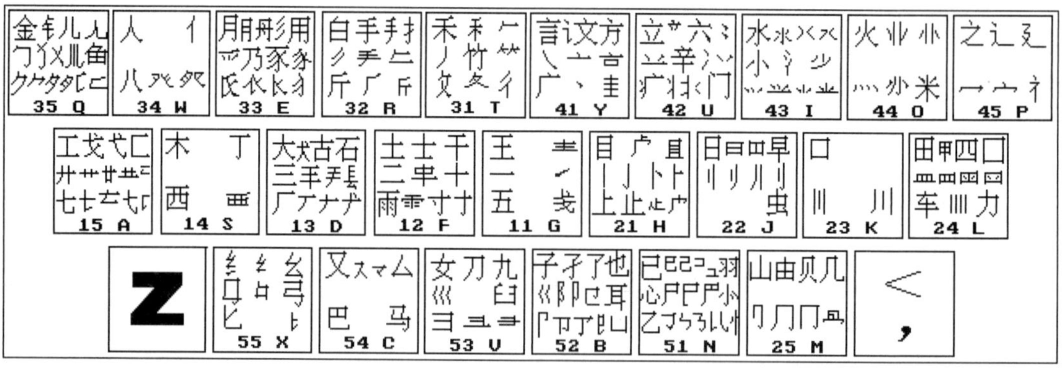

图 7-18

7.4.3　五笔字根助记歌

五笔字根助记歌是为了便于记诵而编写的，包含了所有字根的押韵文字歌诀。随着时间的推移，字根口诀先后出现了众多的版本，最受大众认可的是由五笔之父王永民先生最初推出的五笔字根口诀。王永民推出的五笔字根助记歌共有 3 个版本，这里介绍最新版本新世纪版，如表 7-2 所示。

表 7-2　五笔字根助记歌

区	位	代 码	字 母	五笔字型记忆口诀
1 横 区	1	11	G	王旁青头戋(兼)五一
	2	12	F	土士二干十寸雨
	3	13	D	大犬三王(羊)古石厂
	4	14	S	木丁西
	5	15	A	工戈草头右框七
2 竖 区	1	21	H	目具上止卜虎皮
	2	22	J	日早两竖与虫依
	3	23	K	口与川，字根稀
	4	24	L	田甲方框四车力
	5	25	M	山由贝，下框几
3 撇 区	1	31	T	禾竹一撇双人立，反文条头共三一
	2	32	R	白手看头三二斤
	3	33	E	月彡(衫)乃用家衣底
	4	34	W	人和八，三四里
	5	35	Q	金(钅)勹缺点无尾鱼，犬旁留儿一点夕，氏无七(妻)
4 捺 区	1	41	Y	言文方广在四一，高头一捺谁人去
	2	42	U	立辛两点六门疒(病)
	3	43	I	水旁兴头小倒立
	4	44	O	火业头，四点米
	5	45	P	之字军盖建道底，摘礻(示)衤(衣)
5 折 区	1	51	N	己半巳满不出己，左框折尸心和羽
	2	52	B	子耳了也框向上
	3	53	V	女刀九臼山朝西
	4	54	C	又巴马，丢矢矣
	5	55	X	慈母无心弓和匕，幼无力

7.4.4　汉字的拆分原则

学习五笔输入法的过程，其实就是学习如何将汉字拆分成基本字根的过程。下面将介绍拆分方法。

1. 汉字的三种字型

在对汉字进行分类时，五笔输入法依据汉字书写时的顺序和结构对汉字进行了分类。根据汉字字根间的位置关系，可以将汉字分为左右型、上下型和杂合型，如表 7-3 所示。

表 7-3　汉字的三种字型

字　型	说　明	结　构	图　示	字　例
左右型	分为双合字和三合字两种类型。双合字是两个部分分列左右，其间有一定的间距。三合字是整字的三个部分从左到右并列，或者单独占据一边的一部分和另外两部分左右排列	双合字		组、伴、把
		三合字		湖、浏、侧
		三合字		指、流、借
		三合字		数、部、封
上下型	双合字和三合字两种类型。双合字是上下两部分分列，期间有一定间距。三合字是整的三个部分上下排列，或者单独占据一边的一部分和另外两部分上下排列	双合字		分、芯、字
		三合字		意、竟、莫
		三合字		恕、型、照
		三合字		崔、荡、淼
杂合型	分为单体、全包围和半包围三个种类。整字的每个部分之间没有明显的结构位置关系，不能明显地分为左右或上下关系。字根之间虽有间距，但总体呈一体	单体字		口、目、乙
		全包围		回、因、国
		半包围		同、风、冈
		半包围		凶、函、凼
		半包围		包、勾、赵

2. 字根之间的结构关系

一切汉字都是由基本字根和非基本字根的单体结构组合而成的。在组合汉字时，按照字根之间的位置关系可以将字根分为 4 种结构，分别是单、散、连和交结构。

(1) 单：是指基本字根本身就是一个汉字，也就是"成字字根"。如口、月、金、王等汉字。

(2) 散：是指整字由多个字根组成，并且组成汉字的字根之间有一定距离，既不相连也不相交。如汉、吕、国等。

(3) 连：有两种情况。一种是单笔画与基本字根相连。如"白"字由单笔画"丿"和基本字根"日"组合而成。另一种是带点的结构均被认为相连，如"犬"字由右基本字根"大"和单笔画"、"组合而成。

(4) 交：是指由多个字根交叉重叠之后组合成的汉字。如"申"字由基本字根"日"和基本字根"丨"交叉组合而成。

3. 汉字字根的拆分原则

汉字的拆分其实就是将构成汉字的部分拆分成基本字根的逆过程。当然汉字的拆分也是有一定规律的，根据拆分的规律可以总结出拆分时的 5 个原则。下面详细介绍一下这 5 个原则。

(1) 书写顺序的原则：拆分汉字时，必须按照汉字的书写顺序进行拆分，如"明"字的拆分顺序是先拆分其左边的基本字根"日"，然后拆分其右边的基本字根"月"。

(2) 取大优先的原则：是指在拆分汉字时，按照书写顺序拆分汉字的同时，要拆出尽可能大的字根，从而保证拆分出的字根数量最少。如"故"字正确的拆分顺序是先拆分汉字左边的基本字根"古"，然后拆分汉字右边的基本字根"攵"，而不能将其拆分成"十"

"口""夂"。

(3) 兼顾直观的原则：是指在拆分汉字时要尽量照顾汉字的直观性，一个笔画不能分割在两个字根中，如"国"字正确的拆分顺序是先拆分汉字外围基本字根"口"，然后拆分汉字内围基本字根"王"和"、"，而不能将其拆分成"门""国""、"和"一"。

(4) 能散不连的原则：如果一个汉字能拆分几个基本字根的"散"关系，那么就不要将其拆分成"连"的关系。有时字根之间的关系介于散和连之间，如果不是单笔画字根，则均按照散的关系处理，如"午"字的正确拆分顺序是先拆分汉字的基本字根"宀"，然后拆分汉字基本字根"十"，而不能将其拆分成"丿"和"干"。

(5) 能连不交的原则：如果一个汉字能拆分成几个基本字根的"连"关系，那么就不要将其拆分成"交"的关系。如"千"字的正确拆分顺序是先拆分基本字根"丿"，然后拆分基本字根"十"。而不能将其拆分成"丿""一""丨"。

7.4.5　输入汉字

五笔输入法一般在键盘上敲击四次即可完成一个汉字的输入。使用五笔输入法输入汉字，可以大大提高输入文字的速度，节省操作时间，提升工作效率。下面介绍一下使用五笔输入法输入汉字的操作方法。

1. 键名输入

键名输入是指在键盘上从 A～Y 的每个键位上的第一个字根，也就是"记忆口诀"中打头的那个字根，称为"键名"。键名输入的方法是将键名所在的按键连击 4 次即可得到该键名字。键名汉字一共有 25 个字，其分布情况如表 7-4 所示。

表 7-4　键名汉字分布情况

键名汉字	编 码	键名汉字	编 码	键名汉字	编 码
01.金	QQQQ	02.人	WWWW	03.月	EEEE
04.白	RRRR	05.禾	TTTT	06.言	YYYY
07.立	UUUU	08.水	IIII	09.火	OOOO
10.之	PPPP	11.工	AAAA	12.木	SSSS
13.大	DDDD	14.土	FFFF	15.王	GGGG
16.目	HHHH	17.日	JJJJ	18.口	KKKK
19.田	LLLL	20.纟	XXXX	21.又	CCCC
22.女	VVVV	23.子	BBBB	24.已	NNNN
25.山	MMMM				

2. 一级简码输入

一级简码是指除 Z 键以外的 25 个字母按键上，每个按键都安排一个使用频率最高的汉字，这 25 个汉字被称为一级简码。其分布情况如图 7-19 所示。

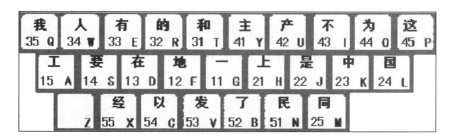

图 7-19

3. 成字字根汉字的输入

字根表中,除键名以外自身也是汉字的字根,称为"成字字根"。成字字根汉字的编码规则为,成字字根所在的键名代码+首笔代码+次笔代码+末笔代码,不足 4 码时可以用空格代替。部分成字字根汉字的编码情况如表 7-5 所示。

表 7-5 部分成字字根汉字编码情况

汉 字	键名代码	首笔代码	次笔代码	末笔代码
五	五(G)	一(G)	丨(H)	一(G)
贝	贝(M)	丨(H)	乙(N)	、(Y)
十	十(F)	一(G)	丨(H)	空格

4. 输入普通汉字

掌握五笔输入法的拆分原则和输入汉字的编码原理后,结合这些知识就可以输入汉字了。下面以输入汉字"超"为例,介绍一下使用五笔输入法输入普通汉字的操作方法。

第 1 步 在 Windows 7 系统桌面上,**1.** 单击【开始】按钮,**2.** 在弹出的【开始】菜单中选择【所有程序】菜单项,如图 7-20 所示。

第 2 步 在弹出的【所有程序】菜单中,**1.** 选择【附件】菜单项,**2.** 在打开的【附件】菜单中选择【记事本】菜单项,如图 7-21 所示。

图 7-20   图 7-21

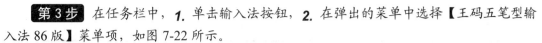

第 3 步　在任务栏中，**1.** 单击输入法按钮，**2.** 在弹出的菜单中选择【王码五笔型输入法 86 版】菜单项，如图 7-22 所示。

第 4 步　在记事本中输入"超"字的字根所在键，即 fhv，按数字键 1 确认选择词条 1，如图 7-23 所示。

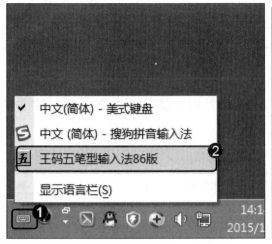

图 7-22

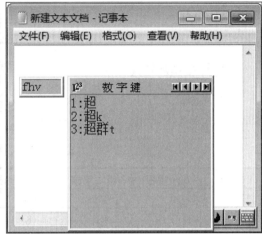

图 7-23

第 5 步　通过以上操作步骤即可使用"王码五笔型输入法 86 版"输入法得到所需文字"超"，如图 7-24 所示。

图 7-24

7.4.6　输入词组

五笔输入法采用所有词汇编码都为四码输入的方式，这就比其他输入方法的重码率要低很多。五笔输入法输入词组取码的规则有双字词组、三字词组、四字词组和多字词汇 4 种情况。本节将对使用五笔输入法输入词组的操作步骤和方法做详细介绍。

1. 双字词组的输入

熟练掌握双字词组的输入方法可有效提高输入汉字速度，而且在汉语词组的输入中占有相当大的比重。双字词组的输入方法是，分别取词组中每个单字前两个字根代码进行组合编码，就能得到需要的汉字，如表 7-6 所示。

表 7-6　输入双字词组的方法

词组	第一字根	第二字根	第三字根	第四字根	区　位	编码
机器	木(S)	几(M)	口(K)	口(K)	14、25、23、23	SMKK
经济	纟(X)	又(C)	氵(I)	文(Y)	53、54、43、41	XCIY
家庭	宀(P)	豖(E)	广(Y)	丿(T)	45、33、41、31	PEYT
方法	方(Y)	丶(Y)	氵(I)	土(F)	41、41、43、12	YYIF

2. 三字词组的输入

三字词的输入方法是，分别取前两个汉字的第一个字根代码，再取第三个汉字的前两码即可输入三字的词组，如表 7-7 所示。

表 7-7　输入三字词组的方法

词组	第一字根	第二字根	第三字根	第四字根	区　位	编码
男子汉	田(L)	子(B)	氵(I)	又(C)	24、52、43、54	LBIC
运动员	二(F)	二(F)	口(K)	贝(M)	12、12、23、25	FFKM
计算机	讠(Y)	竹(T)	木(S)	几(M)	41、31、14、25	YTSM
生产率	丿(T)	立(U)	亠(Y)	幺(X)	31、42、41、55	TUYX

3. 四字词语的输入

四字词组的输入方法也非常简单，按下词组中每个字的第一个字根所在键即可得到该四字词组，如表 7-8 所示。

表 7-8　输入四字词组的方法

词组	第一字根	第二字根	第三字根	第四字根	区　位	编码
自告奋勇	丿(T)	丿(T)	大(D)	龴(C)	31、31、13、54	TTDC
艰苦奋斗	又(C)	艹(A)	大(D)	氵(U)	54、15、13、42	CADU
信息处理	亻(W)	丿(T)	夂(T)	王(G)	43、45、55、13	WTTG
当机立断	⺌(I)	木(S)	立(U)	米(O)	43、14、42、44	ISUO

4. 多字词汇的输入

多字词汇是指多于 4 个字的词汇，如"中央人民广播电台"。

多字词汇的输入方法是键盘输入第一、第二、第三个汉字和最后一个汉字的第一个字根代码，如表 7-9 所示。

表 7-9　输入多字词组的方法

词组	第一字根	第二字根	第三字根	第四字根	区　位	编码
中央人民广播电台	口(K)	冂(M)	人(W)	厶(C)	23、25、34、54	KMWC
五笔字型计算机汉字输入技术	五(G)	⺮(T)	宀(P)	木(S)	11、31、45、14	GTPS

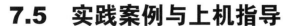

7.5　实践案例与上机指导

通过本章的学习，读者基本可以掌握汉字输入的基本知识以及一些常见的操作方法。下面通过练习，以达到巩固学习、拓展提高的目的。

7.5.1　设置输入法的快速启动键

在 Windows 7 中，可以为经常使用的输入法设置快速启动键，从而节省打字输入时的时间、提高打字效率。下面介绍设置输入法的快速启动键的操作方法。

第 1 步　在 Windows 7 系统桌面中，**1.** 在语言栏单击【选项】按钮▼，**2.** 在弹出的菜单中选择【设置】菜单项，如图 7-25 所示。

第 2 步　弹出【文本服务和输入语言】对话框，**1.** 选择【高级键设置】选项卡，**2.** 在【输入语言的热键】列表框中选择准备设置快速启动键的输入法选项，**3.** 单击【更改按键顺序】按钮，如图 7-26 所示。

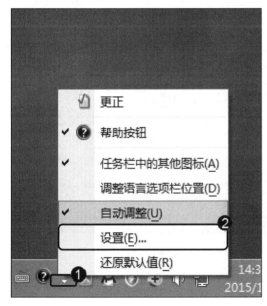

图 7-25

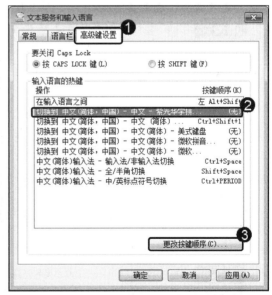

图 7-26

第 3 步　弹出【更改按键顺序】对话框，**1.** 选中【启用按键顺序】复选框，**2.** 设置快速启动键，**3.** 单击【确定】按钮，如图 7-27 所示。

第 4 步　返回【文本服务和输入语言】对话框，单击【确定】按钮即可完成设置输入法的快捷启动键的操作，如图 7-28 所示。

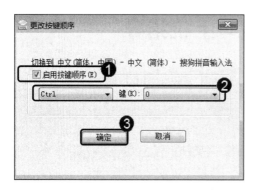

图 7-27

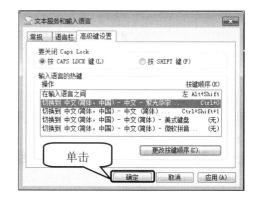

图 7-28

7.5.2 中英文切换输入

使用汉语输入法时，如果需要输入英文，可以直接输入，也可以切换到英文输入状态下进行输入。下面介绍双语输入的操作方法。

第1步 在 Windows 7 系统桌面上，**1.** 单击【开始】按钮，**2.** 在弹出的【开始】菜单中选择【所有程序】菜单项，如图 7-29 所示。

第2步 在弹出的【所有程序】菜单中，**1.** 选择【附件】菜单项，**2.** 在打开的【附件】菜单中选择【记事本】菜单项，如图 7-30 所示。

图 7-29

图 7-30

第3步 在记事本中，使用搜狗拼音输入法输入汉语拼音，如图 7-31 所示。

第4步 单击空格键输入汉字，如图 7-32 所示。

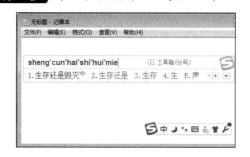

图 7-31

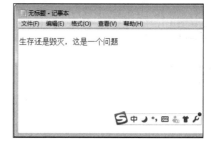

图 7-32

第 5 步　按 Shift 键，搜狗输入法的【中】按钮即会变为【英】按钮，如图 7-33 所示。

第 6 步　开始输入英文，如图 7-34 所示。

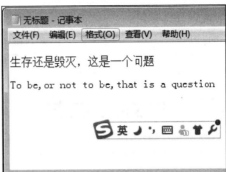

图 7-33　　　　　　　　　　　　　　　　图 7-34

7.5.3　微软拼音输入法模糊拼音的设置

在微软拼音输入法中，可以在其输入法状态条中进行一些高级设置，以方便用户的操作。这些设置包括一些模糊音，如降低 z、c、s 和 zh、ch、sh 之间的平仄定义，即使在输入拼音时出错，也能找到对应的汉字。

第 1 步　启动记事本，**1.** 在桌面上单击语言栏，**2.** 在弹出的菜单中选择【微软拼音-新体验 2010】输入法，如图 7-35 所示。

第 2 步　在【微软拼音输入法状态条】中，**1.** 单击【功能菜单】按钮📇，**2.** 在弹出的菜单中选择【输入选项】菜单项，如图 7-36 所示。

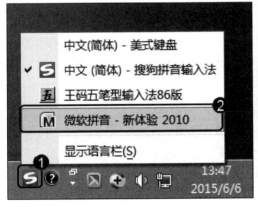

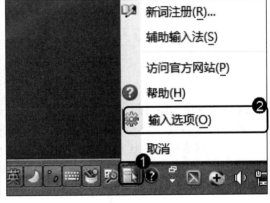

图 7-35　　　　　　　　　　　　　　　　图 7-36

第 3 步　弹出【Microsoft Office 微软拼音新体验风格 2010 输入选项】对话框中，选择【常规】选项卡，**1.** 选中【模糊拼音】复选框，**2.** 单击【模糊拼音设置】按钮，如图 7-37 所示。

第 4 步　在弹出的【模糊拼音设置】对话框中，**1.** 选中准备模糊的声母复选框，**2.** 单击【确定】按钮即可完成设置，如图 7-38 所示。

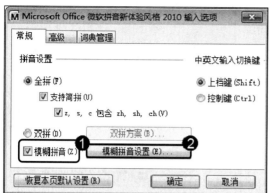

图 7-37

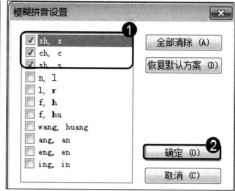

图 7-38

7.5.4 搜狗拼音输入法

搜狗拼音输入法是 2006 年 6 月由搜狐公司推出的一款 Windows 平台下的汉字拼音输入法。搜狗拼音输入法是基于搜索引擎技术的、特别适合网民使用的、新一代的输入法产品，用户可以通过互联网备份自己的个性化词库和配置信息，如图 7-39 所示。

图 7-39

搜狗拼音输入法有以下特点。

➤ 网络新词：搜狐公司将网络新词作为搜狗拼音的最大优势。鉴于搜狐公司同时开发搜索引擎的优势，搜狐声称在软件开发过程中分析了 40 亿网页，将字、词组按照使用频率重新排列。在官方首页上还有搜狐制作的同类产品首选字准确率对比。用户使用表明，搜狗拼音的这一设计的确在一定程度上提高了打字速度。

➤ 快速更新：不同于许多其他输入法依靠升级来更新词库的办法，搜狗拼音采用不定时在线更新的办法。这减少了用户自己造词的时间。

➤ 手写输入：最新版本的搜狗拼音输入法支持扩展模块，联合开心逍遥笔增加手写输入功能，当用户按 U 键时，拼音输入区会出现"打开手写输入"的提示，或者查找候选字超过两页也会提示，点击可打开手写输入(如果用户未安装，点击会打开扩展功能管理器，可以点安装按钮在线安装)。该功能可帮助用户快速输入生字，极大地增加了用户的输入体验。

> 输入统计：搜狗拼音提供一个统计用户输入字数，打字速度的功能。但每次更新都会清零。
> 个性输入：用户可以选择多种精彩皮肤，更有每天自动更换一款的皮肤系列功能。最新版本按 I 键可开启快速换肤。
> 细胞词库：细胞词库是搜狗首创的、开放共享、可在线升级的细分化词库功能。细胞词库包括但不限于专业词库，通过选取合适的细胞词库，搜狗拼音输入法可以覆盖几乎所有的中文词汇。
> 截图功能：可在选项设置中选择开启、禁用和安装、卸载。

7.5.5　百度拼音输入法

百度输入法是百度公司免费提供的输入软件。2010 年 10 月推出，拥有百度搜索和云端技术的支持，很快成了新一代的输入产品。其输入法以词库多元、输入精准、输入方式多样而著称，是第一个倡导绿色输入的输入法。

百度拼音有以下特色。

> 独创原笔迹手写。
> 输入"VF"然后继续输入想要翻译的字词句，百度输入法将快速呈现出翻译内容。
> 百度输入法支持手写输入的扩展功能。当用户点开设置中的手写功能时，该功能可帮助用户快速输入生字，极大地增加了用户的输入体验，还可以实现多字连写。
> 百度输入法的分类词库开放共享、可在线安装。分类词库包括但不限于专业词库，内容更丰富，用户可根据个人使用需求在线下载安装。目前，百度输入法官方分享的词库几乎可以覆盖所有的中文词汇。

7.6　思考与练习

一、填空题

1. 根据键盘输入的类型可将汉字输入法分为_____、_____和_____三种。

2. 五笔输入法按照汉字构成的基本规律，并结合电脑处理汉字的能力，将汉字分成_____、_____和_____三个层次。

3. _____是构成汉字最重要、最基本的单位，由若干笔画交叉连接而形成。在组成单字时相对不变的结构称之为字根。字根具有_____和_____。

4. 五笔输入法将字根精选出了_____个常用字根，称为_____。没有入选的字根称为_____。

5. 在对汉字进行分类时，五笔输入法依据汉字书写时的顺序和结构对汉字进行了分类。根据汉字字根间的位置关系，可以将汉字分为_____、_____和_____。

二、判断题

1. 音码有自身的缺点，如在使用音码输入汉字时，对使用者拼写汉语拼音的能力有较高的要求。　　　　　　　　　　　　　　　　　　　　　　　　　　　　　（　）

2. 形码是一种先将汉字的笔画和部首进行字根的编码，然后再根据这些基本编码组合成汉字的输入方法。　　　　　　　　　　　　　　　　　　　　　　　　　　　（　）

3. 音形码输入法的特点是输入方法不局限于音码或形码，它将某些汉字输入系统的优点有机结合起来，使一种输入法可以包含多种输入法。　　　　　　　　　　　　　　（　）

4. 字根分为 4 种结构，分别是单、散、连和交结构。　　　　　　　　　　　（　）

三、思考题

1. 如何设置输入法的快速启动键？

2. 如何使用微软拼音输入法简拼输入词组？

第 8 章

新起点 电脑教程

应用 Word 2013 编写文档

本章要点

- Word 2013 简介
- 文件的基本操作
- 输入与编辑文本
- 设置文档格式
- 在文档中应用对象
- 绘制表格
- 打印文档

本章主要内容

　　本章主要介绍了 Word 2013 软件、文件的基本操作、输入与编辑文本、设置文档格式、在文档中应用对象的知识与技巧，同时还讲解了绘制表格和打印文档的操作。在本章的最后还针对实际的工作需求，讲解了将图片建材为特定形状、设置文本的显示比例、使用格式刷复制文本格的方法。通过本章的学习，读者可以掌握 Word 2013 基础操作方面的知识，为深入学习电脑知识奠定基础。

8.1　Word 2013 简介

　　Word 2013 是 Microsoft 公司于 2013 年推出的一款优秀的文字处理软件，主要用于完成日常办公和文字处理等操作。使用 Word 2013 前首先要初步了解 Word 2013 的基本知识，本节将予以详细介绍。

8.1.1　启动 Word 2013

　　如果准备使用 Word 2013 进行文档编辑操作，首先需要启动 Word 2013。下面介绍启动 Word 2013 的操作方法。

　　第 1 步　在 Windows 7 系统桌面中，*1.* 单击【开始】按钮，*2.* 在弹出的菜单中选择【所有程序】菜单项，如图 8-1 所示。

　　第 2 步　在所有程序菜单中，*1.* 选择 Microsoft Office 2013 菜单项，*2.* 选择 Word 2013 菜单项，如图 8-2 所示。

图 8-1

图 8-2

　　第 3 步　进入选择文档模板界面，单击【空白文档】选项，如图 8-3 所示。

　　第 4 步　通过上述操作即可启动 Word 2013，如图 8-4 所示。

图 8-3

图 8-4

8.1.2　认识 Word 2013 的工作界面

在操作 Word 2013 软件之前，首先要认识其工作界面。Word 2013 的工作界面由文件按钮、快速访问工具栏、标题栏、功能区、编辑区、滚动条、状态栏、视图按钮、显示比例等部分组成，如图 8-5 所示。

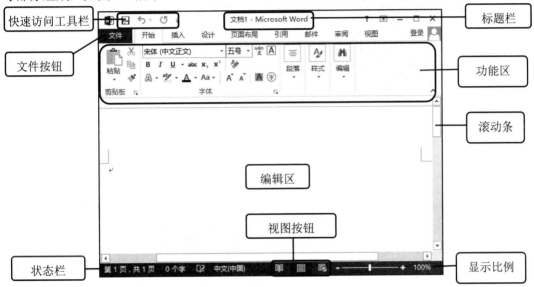

图 8-5

> ➢ 文件按钮：在打开的菜单中可以对文档执行新建、保存和打印等操作。
> ➢ 快速访问工具栏：默认状态下包括保存、撤销粘贴、重复粘贴三个按钮。
> ➢ 标题栏：用于显示文档的标题和类型。
> ➢ 功能区：在每个标签对应的选项卡下，功能区中收集了相应的命令。
> ➢ 编辑区：对文档进行编辑操作；制作需要的文档内容。
> ➢ 滚动条：拖动滚动条用于浏览文档的整个页面内容。
> ➢ 视图按钮：单击要显示的视图类型按钮，即可切换至相应的视图方式，对文档进行查看。
> ➢ 显示比例：用于设置文档编辑区域的显示比例，也可以通过拖动滑块进行调整。
> ➢ 状态栏：位于 Word 2013 工作界面的最下方，用于查看页面信息、进行语法检查、切换视图模式和调节显示比例等操作。

8.1.3　退出 Word 2013

在 Word 2013 中完成文件的编辑和保存操作后，如果不准备应用 Word 2013，可以选择退出 Word 2013，从而节省内存空间。

在 Word 2013 工作界面中完成文档的保存操作后，选择【关闭】选项即可退出 Word 2013，如图 8-6 所示。

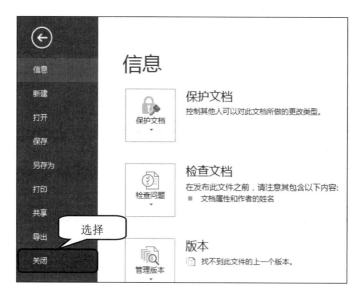

图 8-6

8.2 文件的基本操作

在认识并掌握了启动和退出 Word 2013 的操作方法后，接下来需要学习和掌握的是文档的基本操作方法。本节将介绍文档的基本操作。

8.2.1 新建文档

在启动 Word 2013 后，如果准备在新的页面进行文字的录入与编辑操作，那么就需要新建文档。下面介绍新建文档的操作方法。

第 1 步 在 Word 2013 中单击【文件】按钮，如图 8-7 所示。

第 2 步 在 Backstage 视图中选择【新建】选项，如图 8-8 所示。

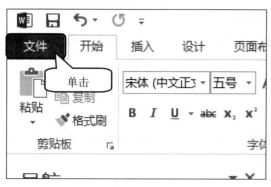

图 8-7　　　　　　　　　　　　　　图 8-8

第3步 在模板中选择准备新建的文档类型，如"空白模板"，如图 8-9 所示。

第4步 通过上述步骤即可完成文档的新建，如图 8-10 所示。

图 8-9

图 8-10

8.2.2 保存文档

在 Word 2013 中完成文档编辑后，需要对文档进行保存。下面详细介绍保存文档的方法。

第1步 在 Word 2013 中单击【文件】按钮，如图 8-11 所示。

第2步 在 Backstage 视图中选择【保存】选项，如图 8-12 所示。

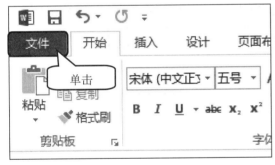

图 8-11

图 8-12

第3步 进入【另存为】界面，单击【浏览】按钮，如图 8-13 所示。

第4步 弹出【另存为】对话框，*1.* 选择保存位置，*2.* 在【文件名】下拉列表框中输入文件名，*3.* 单击【保存】按钮，如图 8-14 所示。

图 8-13

图 8-14

第5步 通过以上步骤即可完成保存文档的操作，如图 8-15 所示。

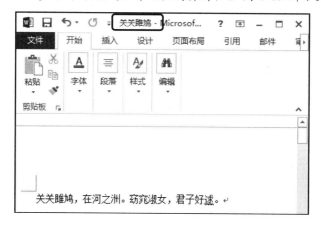

图 8-15

8.2.3 关闭文档

在 Word 2013 中完成文档的编辑操作后，如果不准备使用该文档，则可关闭文档。下面详细介绍关闭文档的操作方法。

保存完文档后，单击文档右上角的【关闭】按钮 ⊠ 即可关闭文档，如图 8-16 所示。

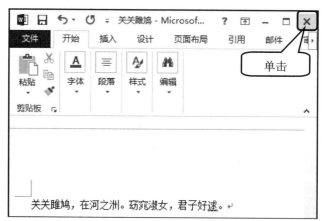

图 8-16

8.2.4 打开文档

如果准备使用 Word 2013 查看或编辑电脑中保存的文档内容，可以在【文件】中选择【打开】选项进行查看。下面详细介绍打开文档的具体操作方法。

第1步 在 Word 2013 中单击【文件】按钮，如图 8-17 所示。

第2步 在 Backstage 视图中选择【打开】选项，如图 8-18 所示。

| 图 8-17 | 图 8-18 |

第 3 步 在【最近使用的文档】中选择准备打开的文档如"关关雎鸠"，如图 8-19 所示。
第 4 步 通过以上步骤即可打开文档，如图 8-20 所示。

| 图 8-19 | 图 8-20 |

8.3　输入与编辑文本

在 Word 2013 中建立文档后，可以在文档中输入并编辑文本内容，从而达到制作需要。本节将介绍输入与编辑文本的操作方法。

8.3.1　输入文本

启动 Word 2013 并创建文档后，在文档中定位光标，选择准备应用的输入法，根据选择的输入法，在键盘上按准备输入汉字的编码即可输入文档，如图 8-21 所示。

图 8-21

8.3.2 选中文本

如果准备对 Word 文档中的文本进行编辑，首先需要选中文本。下面介绍选中文本的操作方法。

➤ 选中任意文本：将光标定位在准备选中文本的左侧或右侧，单击并拖动光标至准备选取文本的右侧或左侧，然后释放鼠标左键即可选中某段文本。

➤ 选中一行文本：移动鼠标指针到准备选中的某一行文本行首的空白处，待鼠标指针变成向右箭头形状 ⁴⁄ 时，单击鼠标左键即可选中该行文本。

➤ 选中一段文本：将光标定位在准备选中的一段文本的任意位置，然后连续单击鼠标三次即可选中一段文本。

➤ 选中整篇文本：移动鼠标指针指向文本左侧的空白处，待鼠标指针变成向右箭头形状 ⁴⁄ 时，连续单击鼠标左键三次即可选择整篇文档；将光标定位在文本左侧的空白处，待鼠标指针变成向右箭头形状 ⁴⁄ 时，按住 Ctrl 键不放的同时，单击鼠标左键即可选中整篇文档；将光标定位在准备选择整篇文档的任意位置，按 Ctrl+A 组合键即可选中整篇文档。

➤ 选中词：将光标定位在准备选中的词的位置，连续两次单击鼠标左键即可选中词。

➤ 选中句子：按住 Ctrl 键的同时，单击准备选中的句子的任意位置即可选中句子。

➤ 选中垂直文本：将光标定位在任意位置，然后按住 Alt 键的同时拖动鼠标指针到目标位置，即可选中某一垂直块文本。

➤ 选择分散文本：选中一段文本后，按住 Ctrl 键的同时再选中其他不连续的文本即可选中分散文本。

一些组合键可以帮助用户快速浏览文档中的内容。常用的 Word 2013 中的组合键有以下几组。

➤ Shift+↑组合键：选中光标所在位置至上一行对应位置处的文本。

➤ Shift+↓组合键：选中光标所在位置至下一行对应位置处的文本。

➤ Shift+←组合键：选中光标所在位置左侧的一个文字。

➤ Shift+→组合键：选中光标所在位置右侧的一个文字。

➤ Shift+Home 组合键：选中光标所在位置至行首的文本。

➤ Shift+End 组合键：选中光标所在位置至行尾的文本。

➤ Ctrl+Shift+Home 组合键：选中光标位置至文本开头的文本。

➤ Ctrl+Shift+End 组合键：选中光标位置至文本结尾处的文本。

8.3.3 修改文本

在 Word 2013 文档中进行文本的输入时，如果输入错误则可修改文本，从而保证输入的正确性。下面介绍修改文本的操作方法。

第 1 步　在 Word 2013 中，*1.* 选中准备修改的文内容，*2.* 选择合适的输入法输入正确的文本内容，如图 8-22 所示。

第2步 在键盘上按词组所在的数字序号 1 输入词组，通过上述操作即可修改文本，如图 8-23 所示。

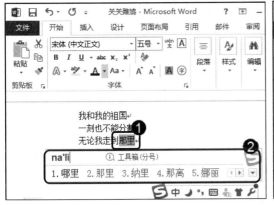

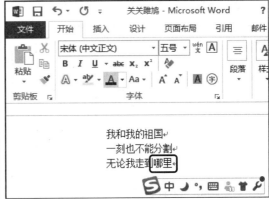

图 8-22　　　　　　　　　　　　　图 8-23

8.3.4　删除文本

启动 Word 2013 并创建文档后，在文档中定位光标即可进行文本的删除操作。下面介绍在 Word 2013 中删除文本的操作方法。

第1步 将光标定位在准备删除汉字的右侧，如图 8-24 所示。

第2步 在键盘上按 Back Space 键即可删除光标左侧的文字，如图 8-25 所示。

图 8-24　　　　　　　　　　　　　图 8-25

8.3.5　查找与替换文本

在 Word 2013 中，通过查找与替换文本操作可以快速查看或修改文本内容。下面介绍查找文本和替换文本的操作方法。

1. 查找文本

在 Word 2013 中，使用查找文本功能可以查找到文档中的任意字符、词语和符号等内容。下面介绍查找文本的操作方法。

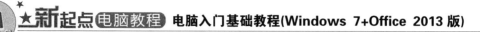

第1步 将光标定位在文本的起始位置，**1.** 单击【编辑】下拉按钮，**2.** 在弹出的列表中选择【查找】选项，如图 8-26 所示。

第2步 在弹出的【导航】窗格的搜索框中输入查找内容，如图 8-27 所示。

图 8-26   图 8-27

第3步 此时工作区中会显示第一个搜索结果，按 Enter 键即可显示下一条搜索结果，如图 8-28 所示。

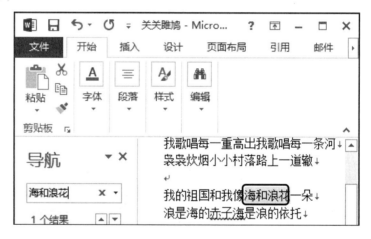

图 8-28

2. 替换文本

在 Word 2013 中编辑文本时，如果文本内容出现错误或需要更改时，可以使用替换文本的方法进行修改。下面介绍替换文本的操作方法。

第1步 将光标定位在文本的起始位置，**1.** 单击【编辑】下拉按钮，**2.** 在弹出的列表中选择【替换】选项，如图 8-29 所示。

第2步 弹出【查找和替换】对话框，**1.** 输入查找内容，**2.** 输入替换为内容，**3.** 单击【全部替换】按钮，如图 8-30 所示。

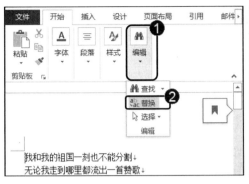

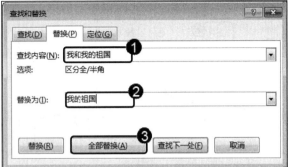

图 8-29　　　　　　　　　　　　　　　　　　　图 8-30

第 3 步　替换完成，弹出 Microsoft Word 对话框，单击【确定】按钮，如图 8-31 所示。

第 4 步　在文档中可以查看替换后的结果，如图 8-32 所示。

图 8-31　　　　　　　　　　　　　　　　　　　图 8-32

8.4　设置文档格式

在 Word 2010 中输入文本后，可以对文本和段落格式进行设置，从而满足编辑需要。本节将介绍设置文本和段落格式的操作方法，如设置段落对齐方式、设置段落缩进等。

8.4.1　设置文本格式

在 Word 2013 中对文本进行格式设置的方法非常简单，下面详细介绍其操作方法。

第 1 步　完成文本输入后，*1.* 选中准备进行格式设置的文本，*2.* 在【开始】选项卡下单击【字体】下拉按钮，*3.* 在弹出的下拉列表中设置字体为 "方正瘦金书简体"，如图 8-33 所示。

第 2 步　设置字号为 "三号"，如图 8-34 所示。

第 3 步　单击【加粗】按钮，如图 8-35 所示。

第 4 步　单击【斜体】按钮，如图 8-36 所示。

第 5 步　通过以上步骤即可完成文本设置，如图 8-37 所示。

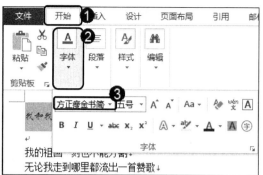

图 8-33

图 8-34

图 8-35

图 8-36

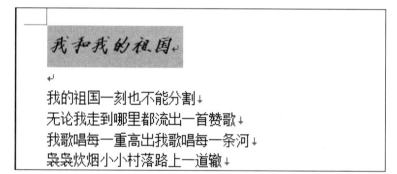

图 8-37

8.4.2 设置段落格式

段落格式是指段落在文档中的显示方式，共有 5 种，分别为文本左对齐、居中、文本右对齐、两端对齐和分散对齐。下面介绍设置段落对齐方式的操作方法。

第 1 步 将光标定位在准备进行格式设置的段落中，*1.* 选择【开始】选项卡，*2.* 在【开始】选项卡下单击【段落】下拉按钮，*3.* 在弹出的下拉列表中单击【居中】按钮，如图 8-38 所示。

第 2 步 通过以上步骤即可完成设置段落格式的操作，如图 8-39 所示。

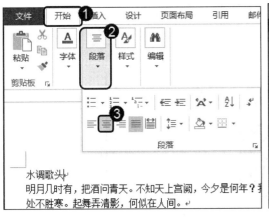

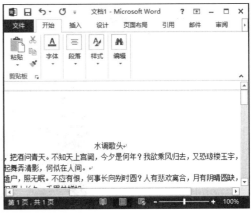

图 8-38   图 8-39

8.5 在文档中插入对象

在 Word 2013 文档中编辑文本时，可以在文档中插入艺术字和图片等内容，从而使文档更美观。本节将介绍在 Word 2013 文档中插入对象的方法。

8.5.1 插入图片

使用 Word 2013 编辑文档内容时，可以插入图片。在文档中插入图片的方法非常简单，下面详细介绍其方法。

第1步 将光标定位在准备插入图片的位置，**1.** 选择【插入】选项卡，**2.** 单击【插图】下拉按钮，**3.** 在弹出的下拉列表中单击【图片】按钮，如图 8-40 所示。

第2步 弹出【插入图片】对话框，**1.** 选择准备插入的图片，**2.** 单击【插入】按钮，如图 8-41 所示。

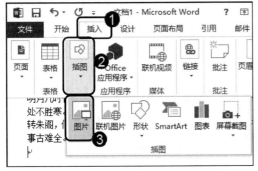

图 8-40   图 8-41

第3步 通过以上步骤即可完成在文本中插入图片的操作，如图 8-42 所示。

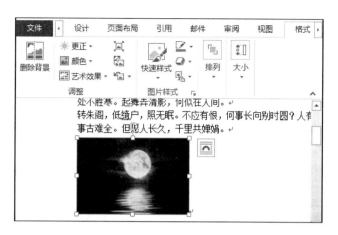

图 8-42

8.5.2 插入艺术字

Word 2013 还有插入艺术字的功能,可以为文档添加生动且具有特殊视觉效果的文字。下面详细介绍插入艺术字的操作方法。

第1步 将光标定位在准备插入剪贴画的位置,*1.* 选择【插入】选项卡,*2.* 单击【文本】下拉按钮,*3.* 在弹出的下拉列表中单击【艺术字】下拉按钮,*4.* 在弹出的下拉列表中选择准备插入的艺术字格式,如图 8-43 所示。

第2步 在文档中插入了一个艺术字文本框,输入内容,如图 8-43 所示。

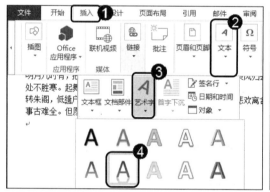

图 8-43

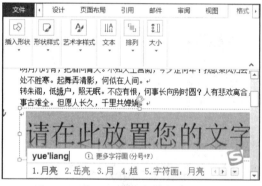

图 8-44

第3步 通过以上步骤即可完成在文本中插入艺术字的操作,如图 8-45 所示。

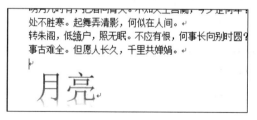

图 8-45

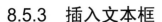

8.5.3　插入文本框

在制作文档过程中，一些文本需要显示在图片中，此时可以运用 Word 2013 提供的文本框功能来完成。下面详细介绍插入文本框的操作方法。

第1步 在【插入】选项卡中，*1.* 单击【文本】下拉按钮，*2.* 在弹出的下拉列表中单击【文本框】下拉按钮，*3.* 选择【绘制文本框】选项，如图 8-46 所示。

第2步 按住鼠标左键并拖动，拖至目标位置后释放鼠标左键即可在文本中插入一个文本框。在文本框中输入需要的内容即可完成插入文本框的操作，如图 8-47 所示。

图 8-46

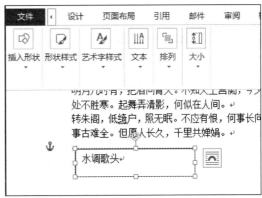

图 8-47

8.6　绘　制　表　格

如果准备在 Word 2013 文档中输入数据，则可将数据显示在表格中，从而使数据更加规范，文档更加美观。本节将介绍在文档中绘制表格的方法，如插入表格、插入行或列、删除行或列、合并与拆分单元格、调整行高与列宽、套用表格样式与设置表格边框和底纹的方法。

8.6.1　插入表格

如果准备在 Word 文档使用表格输入数据，首先需要在文档中插入表格。下面介绍在文档中插入表格的操作方法。

第1步 在【插入】选项卡中，*1.* 单击【表格】下拉按钮，*2.* 在弹出的下拉列表中单击【插入表格】选项，如图 8-48 所示。

第2步 弹出【插入表格】对话框，*1.* 在【列数】和【行数】微调框中输入数字，*2.* 单击【确定】按钮，如图 8-49 所示。

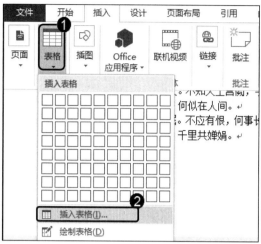

图 8-48

图 8-49

第3步 通过以上步骤即可完成在文本中插入表格的操作，如图 8-50 所示。

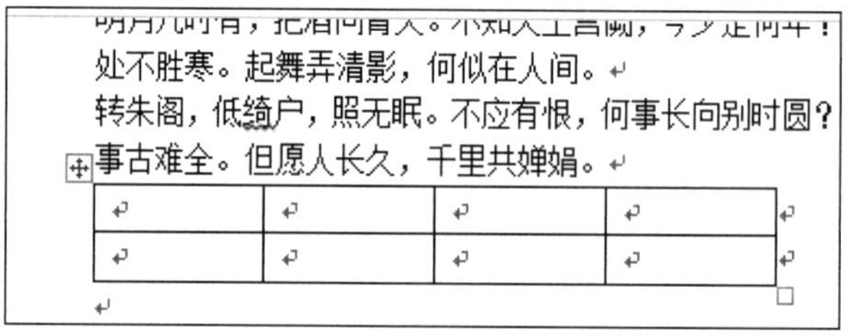

明月几时有，把酒问青天。不知天上宫阙，今夕是何年！
处不胜寒。起舞弄清影，何似在人间。↵
转朱阁，低绮户，照无眠。不应有恨，何事长向别时圆？
事古难全。但愿人长久，千里共婵娟。↵

图 8-50

8.6.2　调整行高与列宽

插入表格时，Word 对单元格的大小有默认设置，在 Word 2013 中绘制表格后，可以调整其行高与列宽，从而正确显示表格中的内容。下面介绍调整行高与列宽的操作方法。

第1步 将光标定位在表格中，*1.* 在【布局】选项卡中，*2.* 单击【单元格大小】下拉按钮，*3.* 在弹出的列表中，分别在【高度】和【宽度】微调框中输入数值，如图 8-51 所示。

第2步 通过以上步骤即可完成调整行高和列宽的操作，如图 8-52 所示。

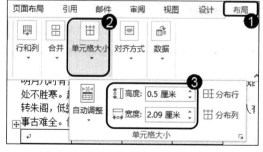

图 8-51

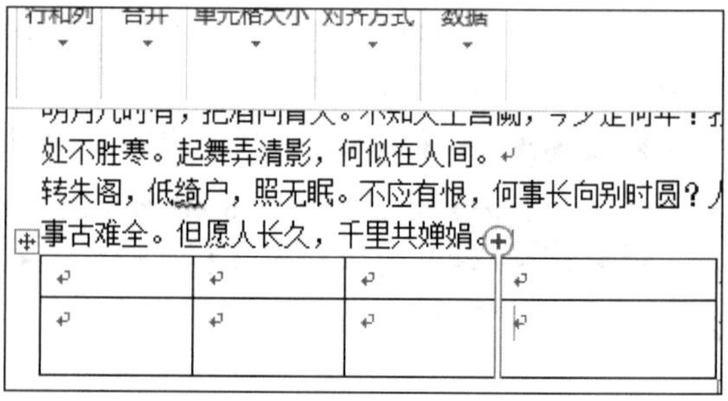

图 8-52

8.6.3　合并与拆分单元格

在 Word 2013 表格中，通过合并与拆分单元格操作可以调整表格的格式，从而绘制出符合要求的表格。下面介绍合并与拆分单元格的操作方法。

第1步 选中准备合并的单元格，**1.** 选择【布局】选项卡，**2.** 单击【合并】下拉按钮，**3.** 在弹出的列表中单击【合并单元格】按钮，如图 8-53 所示。

第2步 通过上述操作即可合并单元格，如图 8-54 所示。

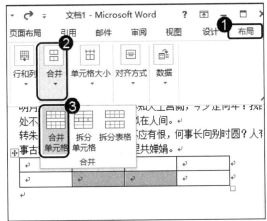

图 8-53

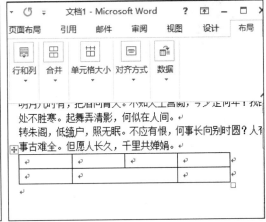

图 8-54

第3步 将光标定位在准备拆分的单元格中，**1.** 单击【合并】下拉按钮，**2.** 在弹出的列表中单击【拆分单元格】按钮，如图 8-55 所示。

第4步 弹出【拆分单元格】对话框，**1.** 在【列数】和【行数】微调框中输入数值，**2.** 单击【确定】按钮，如图 8-56 所示。

图 8-55

图 8-56

第5步 通过以上步骤即可完成拆分单元格的操作，如图 8-57 所示。

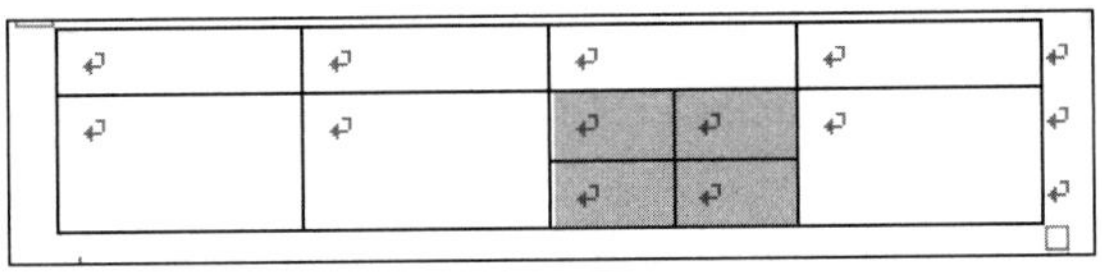

图 8-57

8.6.4 插入与删除行与列

在 Word 2013 中进行表格的编辑操作时，可以根据使用需要插入或删除行和列，从而完善表格内容。下面介绍插入和删除行与列的操作方法。

1. 插入行和列

插入行和列的方法非常简单，下面详细介绍插入行和列的方法。

第 1 步 将光标定位在表格中，**1.** 选择【布局】选项卡，**2.** 单击【行和列】下拉按钮，**3.** 在弹出的列表中单击【在下方插入】按钮，如图 8-58 所示。

第 2 步 通过上述操作即可插入行，如图 8-59 所示。

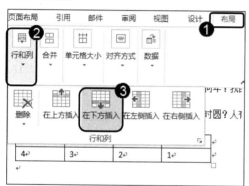

图 8-58

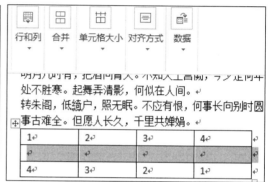

图 8-59

第 3 步 将光标定位在表格中，**1.** 选择【布局】选项卡，**2.** 单击【行和列】下拉按钮，**3.** 在弹出的列表中单击【在右侧插入】按钮，如图 8-60 所示。

第 4 步 通过上述操作即可插入列，如图 8-61 所示。

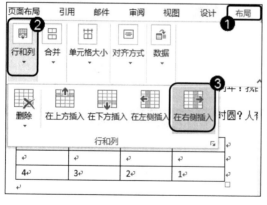

图 8-60

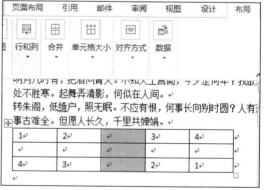

图 8-61

2. 删除行和列

插入行和列的方法非常简单，下面详细介绍插入行和列的方法。

第 1 步 将光标定位在表格中，**1.** 选择【布局】选项卡，**2.** 单击【行和列】下拉按钮，*3.* 在弹出的列表中单击【删除】下拉按钮，*4.* 在弹出的列表中选择【删除行】选项，如图 8-62 所示。

第 2 步 通过上述操作即可删除行，如图 8-63 所示。

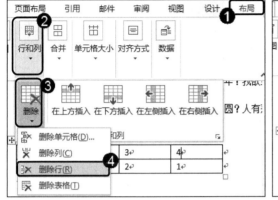

图 8-62

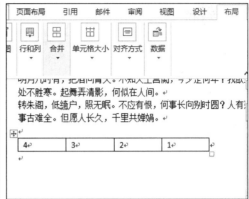

图 8-63

第 3 步 将光标定位在表格中，*1.* 选择【布局】选项卡，*2.* 单击【行和列】下拉按钮，*3.* 在弹出的列表中单击【删除】下拉按钮，*4.* 在弹出的列表中选择【删除列】选项，如图 8-64 所示。

第 4 步 通过上述操作即可删除行列，如图 8-65 所示。

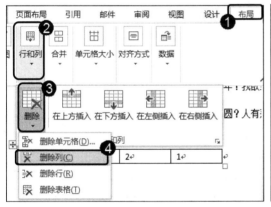

图 8-64

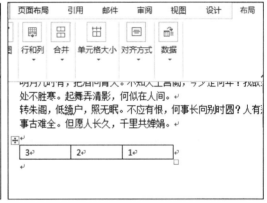

图 8-65

8.6.5 设置表格边框和底纹

在 Word 2013 文档中创建表格后，可以为创建的表格边框和底纹进行设置。如设置边框样式、边框颜色、边框粗细和底纹效果，从而美化 Word 文档。下面介绍设置边框和底纹的操作方法。

第 1 步 将光标定位在表格中，*1.* 选择【设计】选项卡，*2.* 在【表格样式】组中单击【边框】按钮，*3.* 在弹出的下拉列表中单击【启动器】按钮，如图 8-66 所示。

第 2 步 弹出【边框和底纹】对话框，*1.* 选择【边框】选项卡，*2.* 在【设置】区域

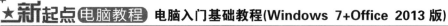

选择【全部】格式，**3.** 在【宽度】下拉列表框中选择宽度值，如图 8-67 所示。

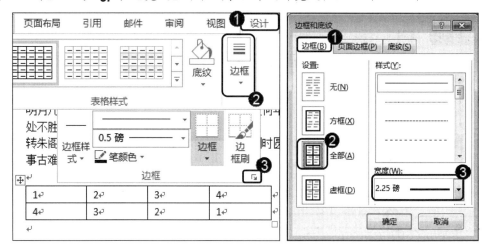

图 8-66　　　　　　　　　　　　　　　　　　　图 8-67

第3步 **1.** 选择【底纹】选项卡，**2.** 在【样式】下拉列表框中选择 10%，**3.** 单击【确定】按钮，如图 8-68 所示。

第4步 通过上述操作即可给表格添加边框和底纹，如图 8-69 所示。

图 8-68

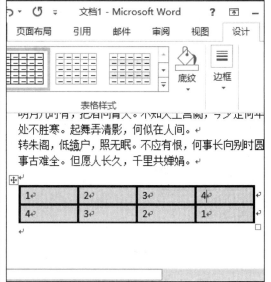

图 8-69

8.7　打 印 文 档

在 Word 2013 中完成文档的编辑操作后，可以对页面进行设置，从而便于文档的打印和输出。本节将介绍设置文档页面和打印的操作方法，如插入页眉和页脚、设置页边距和

纸张大小、打印预览和打印文档的方法。

8.7.1 设置纸张大小

在准备打印文档之前，需要先设置纸张的大小。下面介绍设置纸张大小的操作方法。

在当前 Word 程序窗口中，**1.** 选择【页面布局】选项卡，**2.** 在【页面设置】组中单击【纸张大小】按钮，**3.** 在弹出的下拉列表中选择 A4 选项即可完成设置纸张大小的操作，如图 8-70 所示。

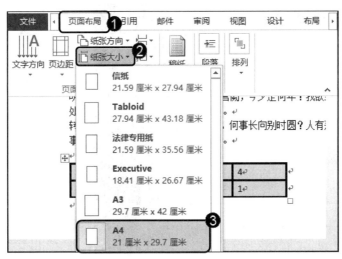

图 8-70

8.7.2 设置页边距

页面边距是指在 Word 文档中，文本和页面空白区域之间的距离。如果准备将文档打印到纸上，首先需要设置页边距和纸张大小。下面介绍设置页边距和纸张大小的操作方法。

在当前 Word 中，**1.** 选择【页面布局】选项卡，**2.** 单击【页边距】下拉按钮，**3.** 在弹出的列表中选择【普通】格式即可完成页边距的设置，如图 8-71 所示。

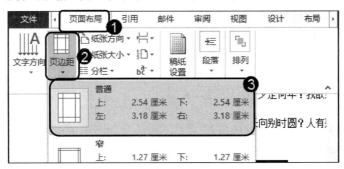

图 8-71

8.7.3 打印文档

在 Word 2013 中完成文档的编辑操作后，可以直接将其打印到纸上，从而便于文档内容的浏览与保存。下面介绍打印文档的操作方法。

第 1 步 在 Word 2013 中完成编辑后，单击【文件】按钮，如图 8-72 所示。

第 2 步 进入 Backstage 界面，**1.** 选择【打印】选项，**2.** 设置打印份数，纸张大小、打印方向等内容，**3.** 单击【打印】按钮即可打印文档内容，如图 8-73 所示。

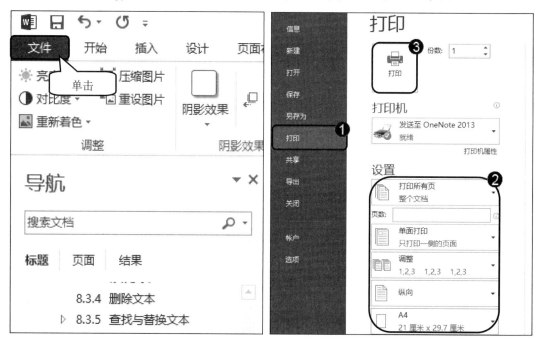

图 8-72   图 8-73

8.8 实践案例与上机指导

通过本章的学习，读者基本可以掌握 Word 2013 的基本知识以及一些常见的操作方法。下面通过练习，以达到巩固学习、拓展提高的目的。

8.8.1 将图片裁剪为特定的形状

在 Word 2013 中，可以将插入文档中的图片裁剪为特定的形状，从而美化图片。下面介绍将图片裁剪为特定形状的操作方法。

第 1 步 在文档中选中图片，**1.** 选择【格式】选项卡，**2.** 在【大小】组中单击【裁剪】按钮，**3.** 在弹出的列表中单击【裁剪为形状】选项，**4.** 在弹出的列表中选择心形，如图 8-74 所示。

第 2 步 通过以上步骤即可将图片剪裁为特定的形状，图 8-75 所示。

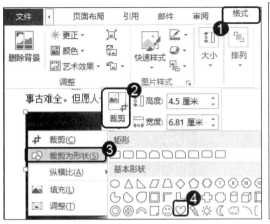

图 8-74

图 8-75

8.8.2 设置文本的显示比例

在 Word 2013 中，默认的文本显示比例为 100%，根据编辑文档的需要也可自行设置文本的显示比例。下面介绍设置文本的显示比例的操作方法。

第 1 步 在 Word 文档中，**1.** 选择【视图】选项卡，**2.** 在【显示比例】组中单击【显示比例】下拉按钮，**3.** 在弹出的列表中选择【显示比例】选项，如图 8-76 所示。

第 2 步 弹出【显示比例】对话框，**1.** 在【百分比】微调框中设置显示比例，**2.** 单击【确定】按钮，如图 8-77 所示。

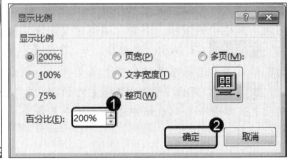

图 8-76

图 8-77

第 3 步 完成上述操作即可设置不同的显示比例，如图 8-77 所示。

图 8-78

8.8.3 使用格式刷复制文本格式

在 Word 2013 中，如果准备为不同的文本应用相同的格式，则可通过格式刷进行设置。下面介绍使用格式刷复制文本格式的操作方法。

第1步 选中文本，**1.** 选择【开始】选项卡，**2.** 在【剪贴板】组中单击【格式刷】按钮，如图 8-79 所示。

第2步 当鼠标指针变为 形，选中目标文本即可完成使用格式刷复制文本格式操作，如图 8-80 所示。

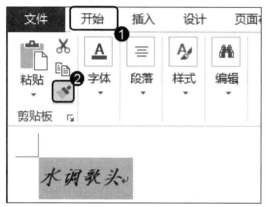

图 8-79

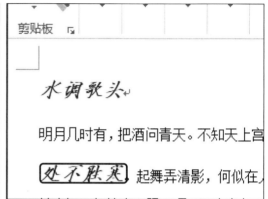

图 8-80

8.8.4 自定义快速访问工具栏

快速访问工具栏位于 Word 窗口的左上方，用户可以根据自己的使用习惯自定义快速访问工具栏中的按钮。下面介绍自定义快速访问工具栏的操作方法。

第1步 在 Word 文档中，**1.** 单击【自定义快速访问工具栏】下拉按钮，**2.** 在弹出的下拉菜单中选择【其他命令】菜单项，如图 8-81 所示。

第2步 弹出【Word 选项】对话框，**1.** 选择【快速访问工具栏】选项，**2.** 在【从下列位置选择命令】列表框中选择【居中】命令，**3.** 单击【添加】按钮，**4.** 单击【确定】按钮，如图 8-82 所示。

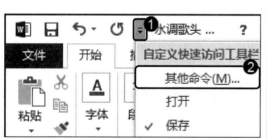

图 8-81   图 8-82

第3步 通过上述操作即可在快速访问栏中添加【居中】按钮 ☰，如图 8-83 所示。

图 8-83

8.8.5 设置分栏

在 Word 2013 中，可以将文档拆分成两栏或多栏，从而便于文档内容的阅读。下面介绍设置分栏的操作方法。

第1步 打开文档后，**1.** 选择【页面布局】选项卡，**2.** 在【页面设置】组中单击【分栏】按钮，**3.** 在弹出的下拉菜单中选择【两栏】菜单项，如图 8-84 所示。

第2步 通过上述操作即可将整篇文档分为两栏，如图 8-85 所示。

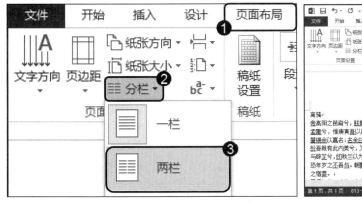

图 8-84

图 8-85

8.9 思考与练习

一、填空题

1. Word 2013 的工作界面是由文件按钮、＿＿＿＿＿＿、标题栏、＿＿＿＿＿＿、编辑区、＿＿＿＿＿＿、状态栏、视图按钮、＿＿＿＿＿＿等部分组成。

2. 快速访问工具栏在默认状态下包括＿＿＿＿＿＿、＿＿＿＿＿＿、＿＿＿＿＿＿三个按钮。

3. 段落格式是指段落在文档中的显示方式，共有 5 种，分别为＿＿＿＿＿＿、居中、_____、两端对齐和_____。

4. 页面边距是指在 Word 文档中，_____和_____空白区域之间的距离。

二、判断题

1. 在 Word 2013 中，单击【视图】按钮可以切换至相应的视图方式，从而对文档进行查看。 （ ）

2. 状态栏位于 Word 2013 界面的最下方，用于查看页面信息、进行语法检查、切换视图模式和调节显示比例等操作。 （ ）

3. 在 Word 2013 工作界面中完成文档的保存操作后，选择【文件】按钮，在弹出的界面中单击【关闭】选项即可退出 Word 2013。 （ ）

4. 在 Word 2013 中，Shift+↑组合键的作用是选中光标所在位置至下一行对应位置处的文本。 （ ）

5. 在 Word 2013 文档中，可以在文档中插入艺术字和图片等内容。 （ ）

三、思考题

1. 如何设置纸张大小？
2. 如何设置文本显示比例？

第 9 章

应用 Excel 2013 电子表格

本章主要内容

　　本章主要介绍了认识 Excel 2013、工作簿的基本操作、在单元格中输入与编辑数据、单元格的基本操作、美化工作表、计算表格数据方面的知识与技巧。同时还讲解了管理表格数据。在本章的最后还针对实际的工作需求，讲解了分类汇总数据、设置工作表背景和新建选项卡以及组的方法。通过本章的学习，读者可以掌握 Excel 2013 的基础操作知识，为深入学习电脑知识奠定基础。

9.1　认识 Excel 2013

Excel 2013 是 Office 2013 中一个重要的组成部分，主要用于完成日常表格制作和数据计算等操作。使用 Excel 2013 前首先要了解 Excel 2013 的基本知识，本节将予以详细介绍。

9.1.1　启动 Excel 2013

如果准备使用 Excel 2013 进行表格的编辑操作，首先需要启动 Excel 2013。下面介绍启动 Excel 2013 的操作方法。

第 1 步 在 Windows 7 系统桌面中，*1.* 单击【开始】按钮，*2.* 在弹出的下拉菜单中选择【所有程序】菜单项，如图 9-1 所示。

第 2 步 在【所有程序】菜单中，*1.* 单击 Microsoft Office 2013 菜单项，*2.* 选择 Excel 2013 菜单项，如图 9-2 所示。

图 9-1　　　　　　　　　　　　　　　　图 9-2

第 3 步 进入选择表格模板界面，单击【空白工作簿】选项，如图 9-3 所示。

第 4 步 通过上述操作即可启动 Excel 2013，如图 9-4 所示。

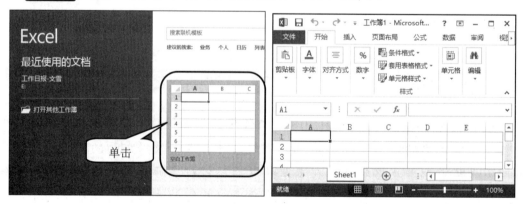

图 9-3　　　　　　　　　　　　　　　　图 9-4

9.1.2 认识 Excel 2013 的工作界面

在 Windows 7 系统中，启动 Excel 2013 后即可进入 Excel 2013 的工作界面。Excel 2013 的工作界面主要由标题栏、快速访问工具栏、功能区、编辑栏、工作表编辑区、滚动条和状态栏等部分组成，如图 9-5 所示。

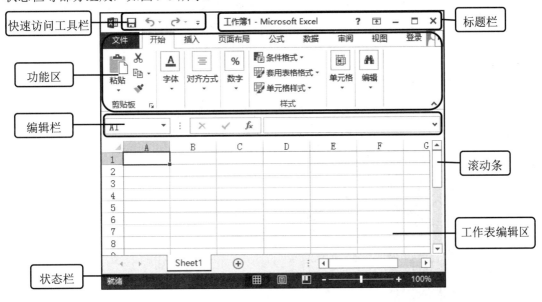

图 9-5

1. 标题栏

标题栏位于 Excel 2013 工作界面的最上方，用于显示文档和程序名称。在标题栏的最右侧，为【最小化】按钮、【最大化】按钮/【向下还原】按钮和【关闭】按钮，如图 9-6 所示。

图 9-6

2. 快速访问工具栏

快速访问工具栏位于 Excel 2013 工作界面的左上方，用于快速执行一些特定操作。在 Excel 2013 的使用过程中，可以根据使用需要，添加或删除快速访问工具栏中的命令选项，如图 9-7 所示。

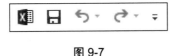

图 9-7

3. 功能区

功能区位于标题栏的下方，默认情况下由【文件】、【开始】、【插入】、【页面布局】、【公式】、【数据】、【审阅】和【视图】8 个选项卡组成，如图 9-8 所示。

图 9-8

4. Backstage 视图

在功能区单击【文件】选项卡，可以打开 Backstage 视图，在该视图中可以管理文档和有关文档的相关数据，如新建、打开和保存文档等，如图 9-9 所示。

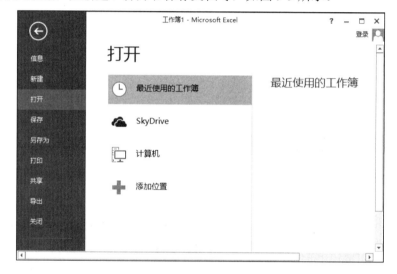

图 9-9

5. 编辑栏

编辑栏位于功能区的下方，用于显示和编辑当前单元格中的数据和公式。编辑栏主要由名称框、按钮组和编辑框组成，如图 9-10 所示。

图 9-10

6. 工作表编辑区

工作表编辑区位于编辑栏的下方，是 Excel 2013 中的工作区域，用于进行 Excel 电子表格的创建和编辑等操作，如图 9-11 所示。

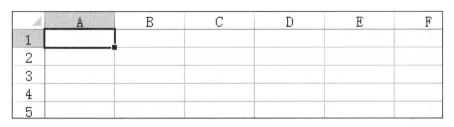

图 9-11

7. 状态栏

状态栏位于 Excel 2013 工作界面的最下方，用于查看页面信息、切换视图模式和调节显示比例等操作，如图 9-12 所示。

图 9-12

9.1.3　退出 Excel 2013

在 Excel 2013 工作界面中完成表格的保存操作后，如果不准备应用 Excel 2013，则单击程序界面右上角的【关闭】按钮×即可退出 Excel 2013，如图 9-13 所示。

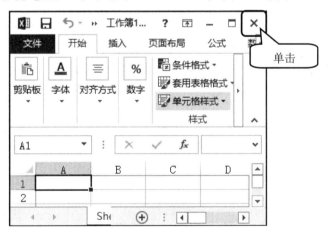

图 9-13

9.2　工作簿的基本操作

在认识了 Excel 2013 的工作界面，并掌握了启动和退出 Excel 2013 的操作方法后，接下来就可以学习工作簿的基本操作方法。本节将详细介绍新建工作簿、保存工作簿、关闭工作簿和打开工作簿等的操作方法。

9.2.1 新建工作簿

如果准备在新的页面中进行表格的输入与编辑操作，就需要新建工作簿。下面详细介绍新建工作簿的操作方法。

第 1 步 在 Excel 2013 中，切换到【文件】选项卡，如图 9-14 所示。

第 2 步 在 Backstage 视图中，1. 选择【新建】选项，2. 选中准备应用的表格模板，如图 9-15 所示。

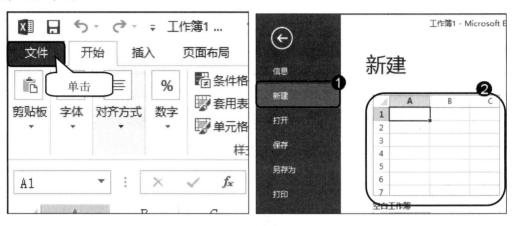

图 9-14   图 9-15

第 3 步 通过以上步骤即可新建工作簿，如图 9-16 所示。

图 9-16

9.2.2 保存工作簿

在 Excel 2013 中完成表格的输入与编辑操作后，可以将工作簿保存到电脑中，从而便于日后进行表格内容的查看与编辑操作。下面详细介绍保存工作簿的方法。

第 1 步 在 Excel 2013 中，切换到【文件】选项卡，如图 9-17 所示。

第 2 步　在 Backstage 视图中，选择【保存】选项，如图 9-18 所示。

图 9-17　　　　　　　　　　　　　　　　　　图 9-18

第 3 步　单击【浏览】按钮，如图 9-19 所示。

第 4 步　弹出【另存为】对话框，**1.** 选择保存位置，**2.** 在【文件名】下拉列表框中输入名称，**3.** 单击【保存】按钮，如图 9-20 所示。

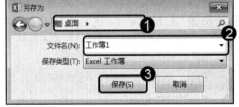

图 9-19　　　　　　　　　　　　　　　　　　图 9-20

9.2.3　关闭工作簿

用户保存工作簿后，如果需要继续运行 Excel 2013 软件而不对编辑完成的工作簿进行更改，可以将编辑完成的工作簿关闭。下面介绍关闭工作簿的操作方法。

第 1 步　在 Excel 2013 中，保存表格后切换到【文件】选项卡，如图 9-21 所示。

第 2 步　在 Backstage 视图中，选择【关闭】选项，如图 9-22 所示。

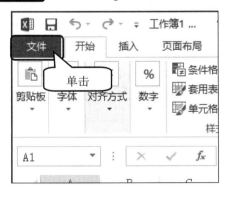

图 9-21　　　　　　　　　　　　　　　　　　图 9-22

第3步 通过以上步骤即可关闭工作簿，如图 9-23 所示。

图 9-23

9.2.4 打开工作簿

如果准备使用 Excel 2013 查看或编辑电脑中保存的工作簿内容，可以打开工作簿。下面介绍打开工作簿的方法。

第1步 在 Excel 2013 中，保存表格后切换到【文件】选项卡，如图 9-24 所示。

第2步 在 Backstage 视图中，选择【打开】选项，如图 9-25 所示。

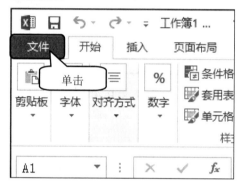

图 9-24

图 9-25

第3步 在【最近使用的工作簿】区域单击准备打开的工作簿，如图 9-26 所示。

第4步 通过以上步骤即可打开工作簿，如图 9-27 所示。

图 9-26

图 9-27

9.2.5 插入与删除工作表

在 Excel 2013 中，工作簿默认包含 1 个工作表，名称为 Sheet1，根据使用需要也可插入新工作表。如果工作簿中包含多个工作表，且有不准备使用的，那么可以将其删除。下面介绍在 Excel 2013 中插入与删除工作表的操作方法。

第 1 步 启动 Excel 2013，单击界面下方的增加工作表按钮 ⊕，如图 9-28 所示。

第 2 步 通过以上步骤即可在工作簿中添加新的工作表，如图 9-29 所示。

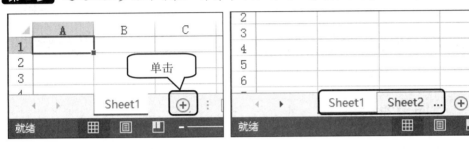

图 9-28   图 9-29

第 3 步 鼠标右键单击准备删除的工作表名称，在弹出的快捷菜单中选择【删除】菜单项即可删除多余的工作表，如图 9-30 所示。

图 9-30

9.3 在单元格中输入与编辑数据

本节将介绍编辑单元格数据的操作方法，内容包括选择单元格、在单元格中输入数据、自动填充数据和查找替换数据的方法。

9.3.1 输入数据

使用 Excel 2013 软件输入的数据可以是文字，也可以是数字或符号。一般输入数据的方法有两种，即在单元格或编辑栏中输入。下面以输入"abc"为例，具体介绍输入数据的操作方法。

第 1 步 启动 Excel 2013，选中准备输入数据的单元格，输入"abc"，单击【输入】按钮 ✓，如图 9-31 所示。

第2步 通过以上步骤即可完成输入数据的操作，如图 9-32 所示。

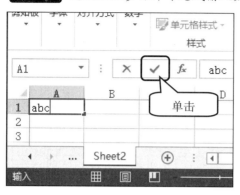

图 9-31

图 9-32

9.3.2 快速填充数据

Excel 2013 的工作表中有着无数个单元格，如果准备在连续单元格内输入相同、具有等比或等差数列性质的数据，可以使用快速填充数据的方法。下面介绍快速填充数据的操作方法。

1. 快速输入相同的数据

在几个单元格中，通过复制与粘贴的方法可以输入相同的数据；在多个单元格中输入相同的数据也可以通过填充数据的方法完成。下面介绍如何快速输入相同的数据。

第1步 选中准备复制的单元格，将鼠标指针移至单元格右下角，当指针变为时🔂，按住鼠标左键向下拖动至指定单元格的位置，如图 9-33 所示。

第2步 通过以上操作即可复制一列或一行单元格，如图 9-34 所示。

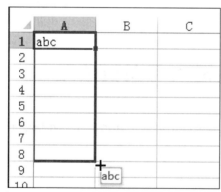

图 9-33

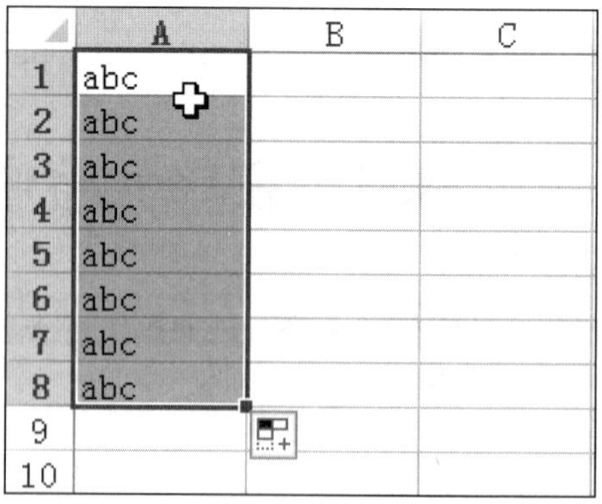

图 9-34

第3步 鼠标拖动选中准备输入相同数据的单元格，在编辑栏中输入数据"abc"，按 Ctrl+Enter 组合键，如图 9-35 所示。

第4步 通过以上步骤即可完成输入相同数据的操作，如图 9-36 所示。

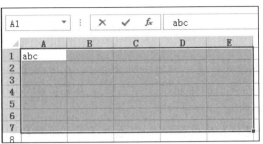

图 9-35 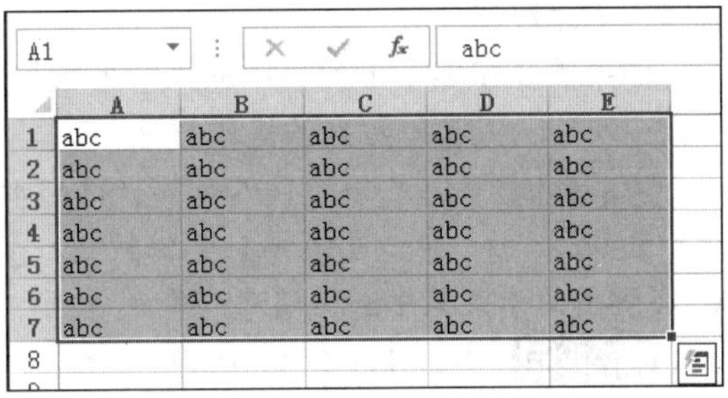　　　　　　　　　　　　图 9-36

2. 快速输入等比数据

输入等比数据的方法非常简单，具体操作方法如下。

第 1 步　在单元格中输入数据并选中准备输入等比序列的一列单元格，**1.** 切换到【开始】选项卡，**2.** 单击【编辑】下拉按钮，**3.** 在弹出的下拉菜单中选择【填充】菜单项，**4.** 在弹出的子菜单中选择【序列】菜单项，如图 9-37 所示。

第 2 步　弹出【序列】对话框，**1.** 选中【列】单选按钮，**2.** 选中【等比序列】单选按钮，**3.** 在【步长值】文本框中输入数值，**4.** 单击【确定】按钮，如图 9-38 所示。

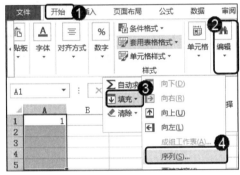

图 9-37

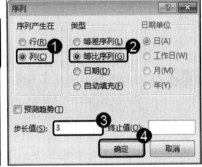

图 9-38

第 3 步　通过上述操作即可完成等比数据的输入，如图 9-39 所示。

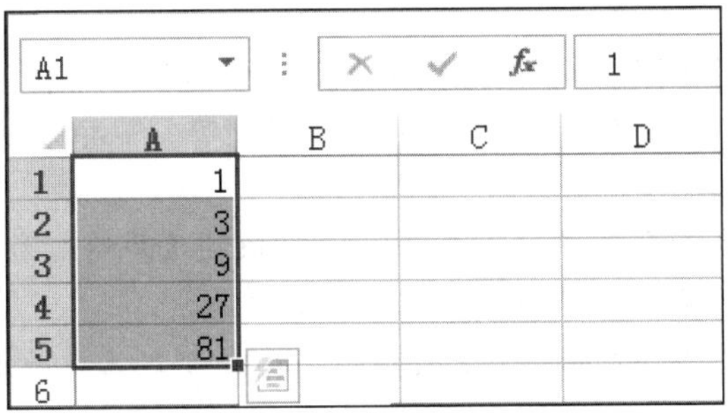

图 9-39

3. 快速输入等差数据

如果一个数列从第二项起，每一项与它的前一项的差等于同一个常数，那么这个数列就叫作等差数列。

如果需要在多个单元格中输入等差数据，用户可以通过填充数据的方法完成。下面具体介绍快速输入等差数据的操作方法。

第1步 在单元格中输入数据并选中准备输入等差序列的一列单元格，**1.** 切换到【开始】选项卡，**2.** 单击【编辑】下拉按钮，**3.** 在弹出的下拉菜单中选择【填充】菜单项，**4.** 在弹出的子菜单中选择【序列】菜单项，如图 9-40 所示。

第2步 弹出【序列】对话框，**1.** 选中【列】单选按钮，**2.** 选中【等差序列】单选按钮，**3.** 在【步长值】文本框中输入数值，**4.** 单击【确定】按钮，如图 9-41 所示。

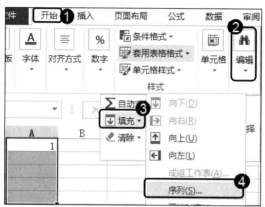

图 9-40

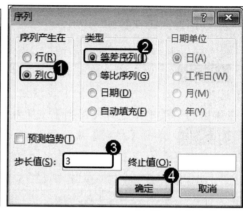

图 9-41

第3步 通过上述操作即可完成等差数据的输入，如图 9-42 所示。

图 9-42

9.3.3 设置数据格式

在 Excel 2013 软件中默认输入的数据格式为"常规"，而输入数据的格式可以根据用户的需要进行更改，如更改数字、货币、日期、时间等。下面以设置"货币"格式为例，介绍设置数据格式的方法。

第1步 选中准备更改格式的单元格，**1.** 切换到【开始】选项卡，**2.** 单击【数字】下拉按钮，**3.** 单击【启动器】按钮 ⌐，如图 9-43 所示。

第2步 弹出【设置单元格格式】对话框，**1.** 切换到【数字】选项卡，**2.** 在【分类】列表框中选择【货币】选项，**3.** 在【货币符号(图家/地区)】下拉列表框中选择货币符号，**4.** 单击【确定】按钮，如图 9-44 所示。

第3步 通过上述步骤即可完成设置数据格式的操作，如图 9-45 所示。

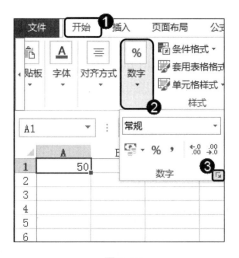

图 9-43 图 9-44

图 9-45

9.3.4　设置字符格式

在 Excel 2013 软件中，用户不但可以输入文字数据，而且还可以根据个人爱好对文字的字体、大小、字形和颜色等格式进行设置。下面介绍设置字符格式的方法。

第1步 选中准备更改格式的单元格，*1.* 切换到【开始】选项卡，*2.* 单击【字体】下拉按钮，*3.* 单击【启动器】按钮，如图 9-46 所示。

第2步 弹出【设置单元格格式】对话框，*1.* 切换到【字体】选项卡，*2.* 在【字体】列表框中选择【方正细珊瑚简体】选项，*3.* 在【字形】列表框中选择【加粗】选项，*4.* 在【字号】列表框中选择 18 选项，*5.* 单击【确定】按钮，如图 9-47 所示。

图 9-46

图 9-47

第 3 步 通过上述操作即可完成对字符格式的设置，如图 9-48 所示。

图 9-48

9.4 单元格的基本操作

用户可以根据个人需要对单元格进行自定义设置，如插入单元格、删除单元格、合并单元格、拆分单元格、设置单元格的行高与列宽、插入或删除整行和整列单元格等。本节将具体介绍单元格的基本操作。

9.4.1 插入与删除单元格

用户可以在指定位置插入或删除单元格，其方法非常简单，下面进行介绍。

第 1 步 选中准备插入单元格的位置，**1.** 切换到【开始】选项卡，**2.** 单击【单元格】按钮，**3.** 在弹出的下拉菜单中单击【插入】下拉按钮，**4.** 单击【插入单元格】菜单项，如图 9-49 所示。

第 2 步 弹出【插入】对话框，**1.** 选中【活动单元格下移】单选按钮，**2.** 单击【确定】按钮，如图 9-50 所示。

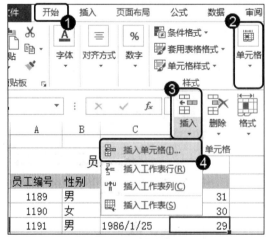

图 9-49

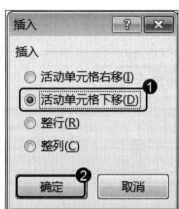

图 9-50

第 3 步 通过上述步骤即可完成插入单元格的操作，如图 9-51 所示。

第 4 步 选中准备删除单元格的位置，**1.** 切换到【开始】选项卡，**2.** 单击【单元格】下拉按钮，**3.** 在弹出的下拉菜单中单击【删除】下拉按钮，**4.** 选择【删除单元格】菜单项，如图 9-52 所示。

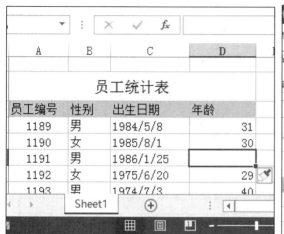

图 9-51

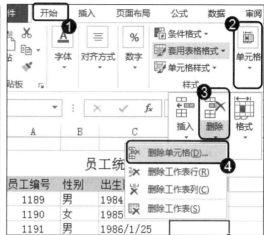

图 9-52

第 5 步 弹出【删除】对话框，**1.** 选中【下方单元格上移】单选按钮，**2.** 单击【确定】按钮，如图 9-53 所示。

第 6 步 通过上述步骤即可完成删除单元格的操作，如图 9-54 所示。

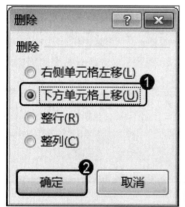

图 9-53

2	员工统计表			
3	员工编号	性别	出生日期	年龄
4	1189	男	1984/5/8	31
5	1190	女	1985/8/1	30
6	1191	男	1986/1/25	29
7	1192	女	1975/6/20	40
8	1193	男	1974/7/3	41

图 9-54

9.4.2 合并与拆分单元格

在 Excel 2013 中，用户可以将两个或多个单元格合并在一起，也可以将合并后的单元格拆分。下面介绍合并与拆分单元格的方法。

第 1 步 选中准备合并的单元格，**1.** 切换到【开始】选项卡，**2.** 单击【对齐方式】下拉按钮，**3.** 在弹出的下拉菜单中选择【合并后居中】菜单项，如图 9-55 所示。

第 2 步 通过上述操作即可合并单元格，如图 9-56 所示。

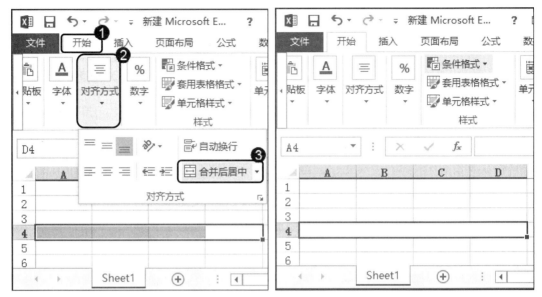

图 9-55   图 9-56

第3步 选中准备拆分的单元格，**1.** 切换到【开始】选项卡，**2.** 单击【对齐方式】下拉按钮，**3.** 在弹出的下拉菜单中选择【合并后居中】菜单项，如图 9-57 所示。

第4步 通过上述操作即可拆分单元格，如图 9-58 所示。

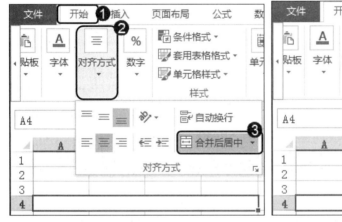

图 9-57   图 9-58

9.4.3 设置行高和列宽

在单元格中输入数据时，会出现数据和单元格的尺寸不符合的情况，此时用户可以对单元格的行高和列宽进行设置来解决这一问题。下面介绍设置行高和列宽的操作方法。

第1步 将鼠标指针移至准备改变列宽的字母单元格边缘，当鼠标指针变为➕时，按住鼠标向左或向右移动，如图 9-59 所示。

第2步 通过上述操作即可改变单元格的列宽，如图 9-60 所示。

图 9-59　　　　　　　　　　　　　　　　　　图 9-60

第3步 将鼠标指针移至准备改变行高的数字单元格边缘，当鼠标指针变为 ⊕ 时，按住鼠标向上或向下移动，如图 9-61 所示。

第4步 通过上述操作即可改变行高，如图 9-62 所示。

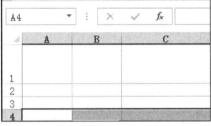

图 9-61　　　　　　　　　　　　　　　　　　图 9-62

9.4.4　插入与删除行和列

用户可以根据需要插入或删除行和列。下面介绍插入与删除行和列的方法。

第1步 选中准备插入整行单元格的位置，**1.** 切换到【开始】选项卡，**2.** 单击【单元格】下拉按钮，**3.** 在弹出的下拉菜单中单击【插入】下拉按钮，**4.** 选择【插入工作表行】菜单项，如图 9-63 所示。

第2步 通过以上步骤即可完成行的插入，如图 9-64 所示。

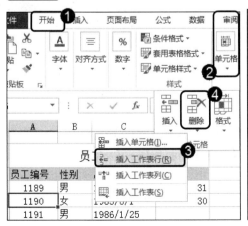

图 9-63　　　　　　　　　　　　　　　　　　图 9-64

第3步 选中准备删除整行单元格的位置，**1.** 切换到【开始】选项卡，**2.** 单击【单元格】下拉按钮，**3.** 在弹出的下拉菜单中单击【删除】下拉按钮，**4.** 选择【删除工作表行】菜单，如图 9-65 所示。

第4步 通过以上步骤即可完成删除行的操作，如图 9-66 所示。

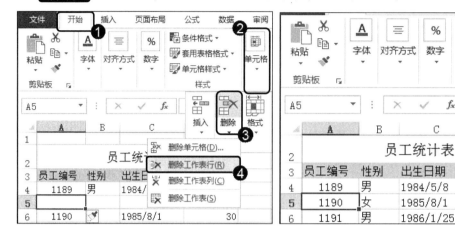

图 9-65　　　　　　　　　　　　　　　　　图 9-66

第5步 选中准备插入整列单元格的位置，**1.** 切换到【开始】选项卡，**2.** 单击【单元格】下拉按钮，**3.** 在弹出的下拉菜单中单击【插入】下拉按钮，**4.** 选择【插入工作表列】菜单，如图 9-67 所示。

第6步 通过以上步骤即可完成列的插入，如图 9-68 所示。

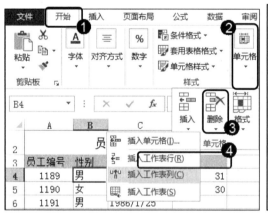

图 9-67　　　　　　　　　　　　　　　　　图 9-68

第7步 选中准备删除整列单元格的位置，**1.** 切换到【开始】选项卡，**2.** 单击【单元格】下拉按钮，**3.** 在弹出的下拉菜单中单击【删除】下拉按钮，**4.** 选择【删除工作表列】菜单，如图 9-69 所示。

第8步 通过以上步骤即可完成删除列的操作，如图 9-70 所示。

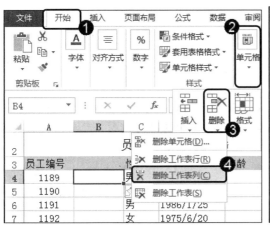

图 9-69

图 9-70

9.4.5　设置文本对齐方式

使用 Excel 2013 对工作表进行编辑时，用户可以将单元格中的数据按照自己设定的对齐方式显示。下面具体介绍设置文本对齐方式的操作方法。

第 1 步　选中准备进行编辑的单元格，**1.** 切换到【开始】选项卡，**2.** 单击【对齐方式】按钮，**3.** 在弹出的下拉菜单中单击【左对齐】按钮，如图 9-71 所示。

第 2 步　通过上述步骤即可完成设置文本对齐方式的操作，如图 9-72 所示。

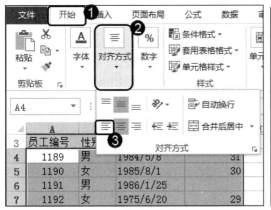

图 9-71

图 9-72

9.5　美化工作表

在 Excel 2013 中完成工作表数据的编辑操作后，可以对表格边框和填充效果等内容进行设置，从而达到美化工作表的目的。本节将介绍美化工作表的操作方法。

9.5.1 设置表格边框

在 Excel 2013 中,为表格设置边框,可以使其更美观。下面介绍设置表格边框的操作方法。

第 1 步 选中整个表格,*1.* 切换到【开始】选项卡,*2.* 单击【单元格】按钮,*3.* 在弹出的下拉菜单中单击【格式】按钮,*4.* 在弹出的子菜单中选择【设置单元格格式】菜单项,如图 9-73 所示。

第 2 步 弹出【设置单元格格式】对话框,*1.* 切换到【边框】选项卡,*2.* 在【线条】区域选择边框样式,*3.* 在【预置】区域选择【外边框】选项,*4.* 单击【确定】按钮,如图 9-74 所示。

图 9-73   图 9-74

第 3 步 通过上述步骤即可完成设置表格边框的操作,如图 9-75 所示。

	A	B	C	D	E
3	员工编号	性别	出生日期	年龄	
4	1189	男	1984/5/8	31	
5	1190	女	1985/8/1	30	
6	1191	男	1986/1/25		
7	1192	女	1975/6/20	29	
8	1193	男	1974/7/3	40	
9	1194	男	1967/3/15	41	
10				48	

图 9-75

9.5.2 设置表格填充效果

为使工作表更加美观,可以为表格填充效果。下面介绍给表格填充效果的方法。

第 1 步 选中准备设置填充效果的表格区域,*1.* 切换到【开始】选项卡,*2.* 单击【单元格】按钮,*3.* 在弹出的下拉菜单中单击【格式】按钮,*4.* 在弹出的子菜单中选择【设置单元格格式】菜单项,如图 9-76 所示。

第 2 步 弹出【设置单元格格式】对话框,*1.* 切换到【填充】选项卡,*2.* 在【背景色】区域中选择填充颜色，*3.* 在【图案样式】下拉列表框中选择填充样式，*4.* 单击【确定】按钮，如图 9-77 所示。

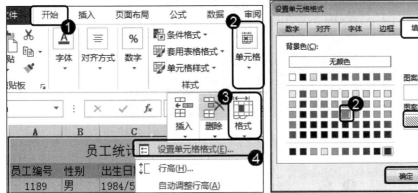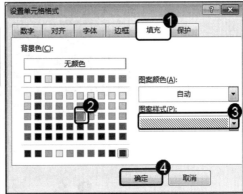

图 9-76　　　　　　　　　　　　　　　　图 9-77

第 3 步　通过上述步骤即可完成给表格设置填充效果的操作，如图 9-78 所示。

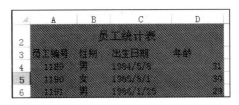

图 9-78

9.5.3　设置工作表样式

Excel 2013 为满足广大用户对工作表视觉感的需求，提供了多种工作表的样式。下面介绍其具体操作方法。

第 1 步　选中表格，*1.* 切换到【开始】选项卡，*2.* 单击【套用表格格式】按钮，*3.* 在弹出的库中选择表格样式，如图 9-79 所示。

第 2 步　弹出【套用表格式】对话框，单击【确定】按钮，如图 9-80 所示。

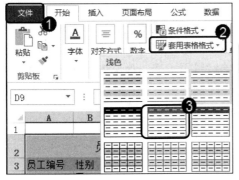

图 9-79　　　　　　　　　　　　　　　　图 9-80

第3步 通过上述步骤即可完成设置工作表样式的操作，如图 9-81 所示。

员工统计表 ▼	列1 ▼	列2 ▼	列3 ▼
员工编号	性别	出生日期	年龄
1189	男	1984/5/8	31
1190	女	1985/8/1	30
1191	男	1986/1/25	29
1192	女	1975/6/20	40
1193	男	1974/7/3	41
1194	男	1967/3/15	48

图 9-81

9.6 计算表格数据

使用 Excel 2013 可以进行各种数据的计算和处理、统计分析和辅助决策操作，并管理电子表格或网页中的列表。本节将介绍计算表格数据的方法。

9.6.1 引用单元格

在默认情况下，Excel 2013 中单元格的引用样式为 A1 引用样式。A1 引用样式是指用单元格中列标和行号的组合来标识单元格或单元格区域的引用样式。例如 A1 表示引用单元格；A1:K8 表示引用单元格区域；3:15 表示引用整行；B:G 表示引用整列。

Excel 单元格的引用类型包括相对引用、绝对引用和混合引用三种。

➢ 相对引用：是基于包含公式和单元格引用的单元格的相对位置。如果公式所在单元格的位置改变，那么引用也将随之改变。

➢ 绝对引用：单元格中的绝对单元格引用(例如A1)总是在指定位置引用单元格。如果公式所在单元格的位置改变，绝对引用将保持不变。如果多行或多列地复制公式，绝对引用将不作调整。默认情况下，新公式使用相对引用，需要将它们转换为绝对引用。例如，如果将单元格 B2 中的绝对引用复制到单元格 B3，则在两个单元格中一样，都是A1。

➢ 混合引用：混合引用具有绝对列和相对行，或是绝对行和相对列。绝对引用采用$A1、$B1 等形式。绝对引用行采用 A$1、B$1 等形式。如果公式所在单元格的位置改变，则相对引用改变，而绝对引用不变。如果多行或多列地复制公式，相对引用自动调整，而绝对引用不作调整。例如，如果将一个混合引用从 A2 复制到 B3，那么它将从=A$1 调整到=B$1。

9.6.2 输入公式

公式是 Excel 工作表中进行数值计算的等式，公式输入以"="开始。简单的公式有加、减、乘、除等计算。下面介绍输入公式的操作方法。

第1步 选中准备显示结果的单元格，*1.* 在编辑栏中输入公式，如"=A1+B1+C1+D1"，*2.* 单击【输入】按钮☑，如图 9-82 所示。

第2步 通过以上步骤即可计算出单元格内数字的总和，如图 9-83 所示。

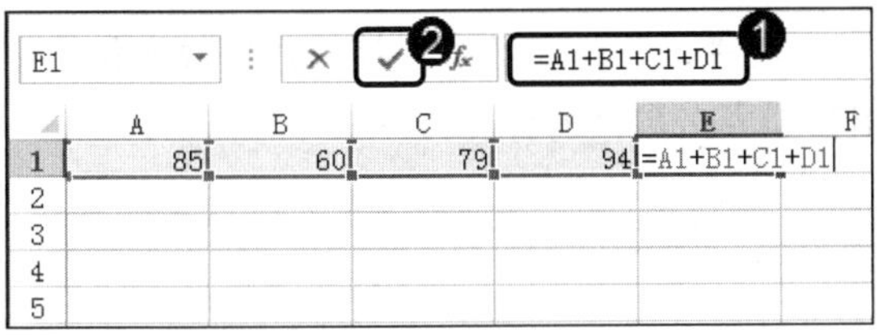

图 9-82 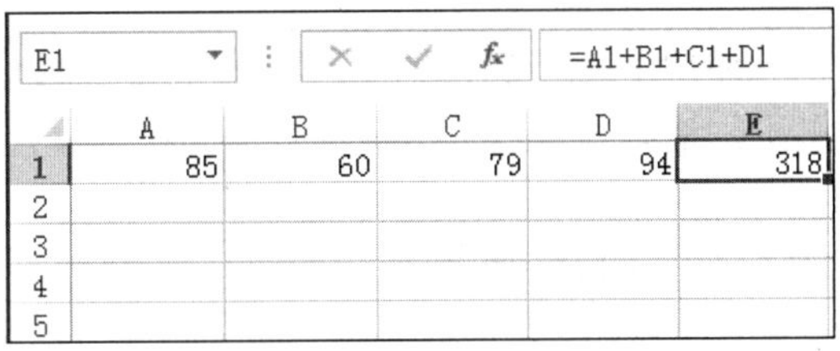　　　　　　　　　　　　　　　图 9-83

9.6.3　输入函数

Excel 2013 中的函数是一些预定义的公式。这些公式使用一些称为参数的特定数值按特定的顺序或结构进行计算。下面介绍输入函数的操作方法。

第1步 选中准备显示结果的单元格，*1.* 切换到【公式】选项卡，*2.* 单击【函数库】按钮，*3.* 在弹出的下拉菜单中单击【自动求和】按钮，*4.* 在弹出的子菜单中选择【求和】菜单项，如图 9-84 所示。

第2步 在选中的单元格中可以看到 Excel 自动输入的公式，如图 9-85 所示。

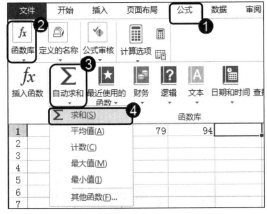

图 9-84

图 9-85

第3步 按回车键即可完成求和的操作，如图 9-86 所示。

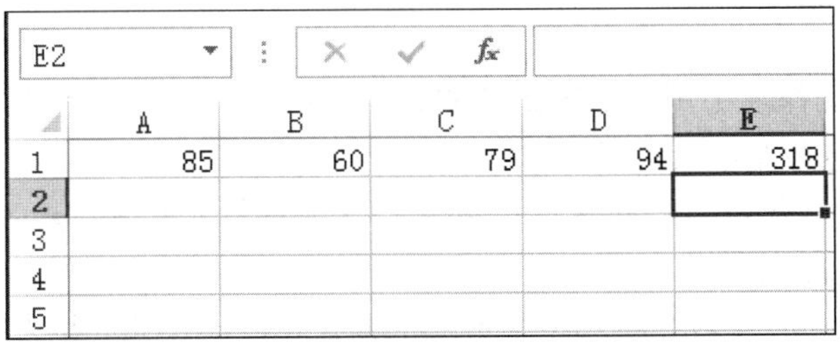

图 9-86

9.7 管理表格数据

使用 Excel 2013 可以对工作表中的数据进行管理,如排序数据、筛选数据等操作,使其更加清晰地显示数据内容,本节将具体介绍管理表格数据的操作方法。

9.7.1 排序数据

排序是指将数据按一定的规律进行整合排列,从而使其有规律地显示数据。下面介绍排序数据的操作方法。

第1步 选中准备进行排序的数据,1. 切换到【数据】选项卡,2. 在【排序和筛选】组中单击【排序】按钮,如图 9-87 所示。

第2步 通过以上步骤即可完成排序数据的操作,如图 9-88 所示。

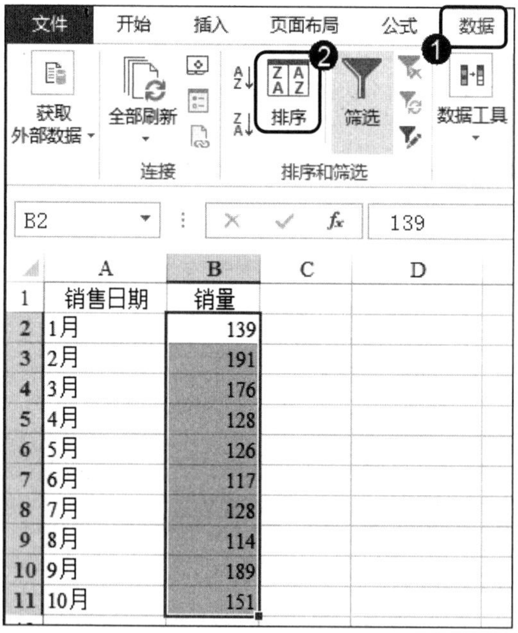

图 9-87

图 9-88

9.7.2 筛选数据

筛选数据是将工作表中满足筛选条件的数据显示出来,而不满足筛选条件的数据将被隐藏。下面介绍筛选数据的具体操作方法。

第1步 选中准备筛选的数据,1. 切换到【数据】选项卡,2. 在【排序和筛选】组中单击【筛选】按钮,如图 9-89 所示。

第2步 在每个科目名称单元格中出现下拉按钮,1. 单击"语文"单元格中的下拉按钮,2. 在弹出的下拉菜单中选择【数字筛选】菜单项,3. 在弹出的子菜单中选择【大于或

等于】菜单项，如图 9-90 所示。

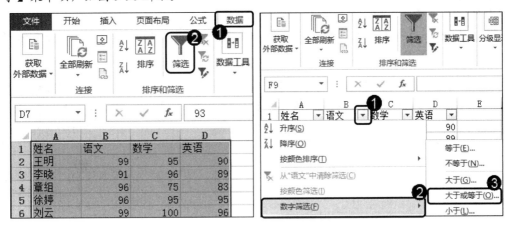

| 图 9-89 | 图 9-90 |

第 3 步 弹出【自定义自动筛选方式】对话框，**1.** 在下拉列表框中输入"95"，**2.** 单击【确定】按钮，如图 9-91 所示。

第 4 步 通过以上操作即可完成对数据的筛选，如图 9-92 所示。

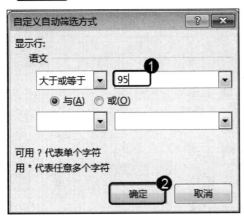

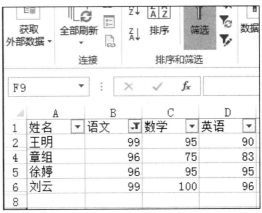

| 图 9-91 | 图 9-92 |

9.8 实践案例与上机指导

通过本章的学习，读者基本可以掌握 Excel 2013 的基本知识以及一些常见的操作方法。下面通过练习，以达到巩固学习、拓展提高的目的。

9.8.1 分类汇总数据

分类汇总是指对所选数据进行指定的分类。分类汇总数据的方法非常简单，下面介绍其操作方法。

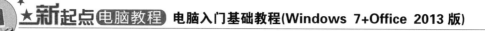

第1步 选中准备进行分类汇总的数据，**1.** 切换到【数据】选项卡，**2.** 在【排序和筛选】组中单击【升序】按钮，如图 9-93 所示。

第2步 在【数据】选项卡中，**1.** 单击【分级显示】按钮，**2.** 在弹出的下拉菜单中单击【分类汇总】按钮，如图 9-94 所示。

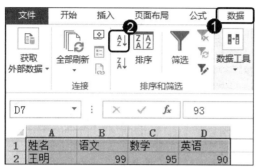

图 9-93

图 9-94

第3步 弹出【分类汇总】对话框，**1.** 选中准备汇总项的复选框，**2.** 单击【确定】按钮，如图 9-95 所示。

第4步 通过以上步骤即可完成分类汇总数据的操作，如图 9-96 所示。

图 9-95

姓名	A	语文	B	数学	C	英语	D

	A	B	C	D
姓名		语文	数学	英语
章组		96	75	83
章组 汇总		96	75	83
李晓		91	96	89
李晓 汇总		91	96	89
王明		99	95	90
王明 汇总		99	95	90
马凯		91	90	93
马凯 汇总		91	90	93
徐婷		96	95	95
徐婷 汇总		96	95	95
刘云		99	100	96
刘云 汇总		99	100	96
总计		572	551	546

图 9-96

9.8.2 设置工作表背景

在 Excel 2013 中，可以将图像作为工作表的背景显示，从而美化工作表。下面介绍设置工作表背景的操作方法。

第1步 打开工作簿后，**1.** 切换到【页面布局】选项卡，**2.** 在【页面设置】组中单击【背景】按钮，如图 9-97 所示。

第2步 弹出【插入图片】界面，单击【来自文件】选项右侧的【浏览】按钮，如图 9-98 所示。

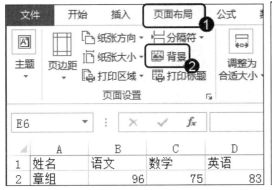

图 9-97　　　　　　　　　　　　　　　　　图 9-98

第3步 弹出【工作表背景】对话框，*1.* 选中准备插入的图片，*2.* 单击【插入】按钮，如图 9-99 所示。

第4步 通过以上步骤即可完成设置工作表背景的操作，如图 9-100 所示。

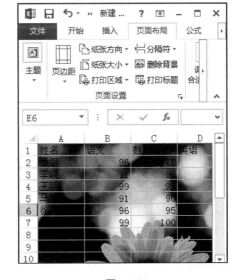

图 9-99　　　　　　　　　　　　　　　　　图 9-100

9.8.3　新建选项卡和组

在 Excel 2013 中，根据需要可以新建选项卡和组，将自己经常使用的命令选项添加到自定义的选项卡和组中，从而便于表格的编辑操作。下面介绍新建选项卡和组的操作方法。

第1步 启动 Excel 2013，切换到【文件】选项卡，如图 9-101 所示。

第2步 在 Backstage 视图中选择【选项】选项，如图 9-102 所示。

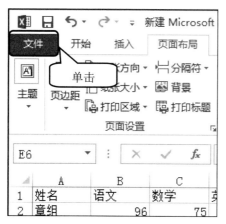

图 9-101

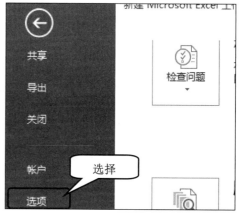

图 9-102

第3步 弹出【Excel 选项】对话框，**1.** 选择【自定义功能区】选项，**2.** 在【主选项卡】列表框中选择【开始】选项，**3.** 单击【新建选项卡】按钮，如图 9-103 所示。

第4步 在【主选项卡】列表框中选择该新建组选项，**1.** 在【新建组】添加命令选项，**2.** 单击【确定】按钮，如图 9-104 所示。

图 9-103

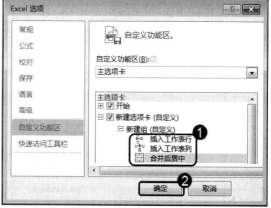

图 9-104

第5步 通过以上步骤即可完成新建选项卡和组的操作，如图 9-105 所示。

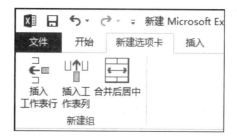

图 9-105

9.8.4 重命名选项卡和组

在 Excel 2013 中，根据需要可以重命名选项卡和组。下面介绍重命名选项卡和组的操作方法。

第 1 步 启动 Excel 2013，切换到【文件】选项卡，如图 9-106 所示。

第 2 步 在 Backstage 视图中选择【选项】选项，如图 9-107 所示。

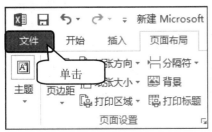

图 9-106

图 9-107

第 3 步 弹出【Excel 选项】对话框，*1.* 选择【自定义功能区】选项，*2.* 在【主选项卡】列表框中选择【新建选项卡(自定义)】选项，*3.* 单击【重命名】按钮，如图 9-108 所示。

第 4 步 弹出【重命名】对话框，*1.* 输入选项卡名称，*2.* 单击【确定】按钮，如图 9-109 所示。

图 9-108

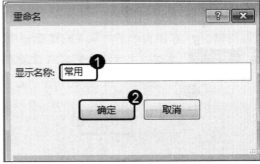

图 9-109

第 5 步 通过以上步骤即可完成重命名选项卡的操作，如图 9-110 所示。

图 9-110

9.8.5 使用条件格式突出表格内容

在 Excel 表格中，使用条件格式可以突出显示单元格中的内容，实现数据的可视化效果。

下面介绍使用条件格式突出表格内容的操作方法。

第1步 选中表格，**1.** 切换到【开始】选项卡，**2.** 在【样式】组中单击【条件格式】按钮，**3.** 在弹出的下拉菜单中选择【数据条】菜单项，**4.** 在弹出的子菜单中选择一个样式，如图 9-111 所示。

第2步 通过以上步骤即可完成使用条件格式突出表格内容的操作，如图 9-112 所示。

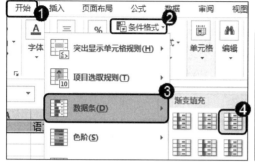

图 9-111

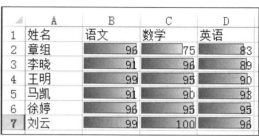

图 9-112

9.8.6 设置单元格样式

设置单元格样式可以丰富表格内容，使表格更美观。下面详细介绍使用单元格样式的操作方法。

第1步 选中表格，**1.** 切换到【开始】选项卡，**2.** 在【样式】组中单击【单元格样式】按钮，**3.** 在弹出的下拉菜单中选择一个单元格样式，如图 9-113 所示。

第2步 通过以上步骤即可完成设置单元格样式的操作，如图 9-114 所示。

图 9-113

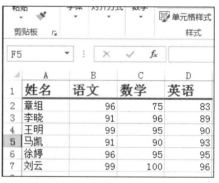

图 9-114

9.9 思考与练习

一、填空题

1. 在 Windows 7 系统中，启动 Excel 2013 后即可进入 Excel 2013 的工作界面。Excel

2013 的工作界面主要由标题栏、_____、功能区、_____、工作表编辑区、滚动条和_____等部分组成。

2. 标题栏位于 Excel 2013 工作界面的最上方，用于显示文档和程序名称。在标题栏的最右侧是_____、最大化按钮、_____和_____按钮。

3. 功能区位于标题栏的下方，默认情况下由_____、【开始】、【插入】、_____、【公式】、_____、【审阅】和_____ 8 个选项卡组成。

4. 编辑栏位于功能区的_____，用于显示和编辑当前单元格中的数据和公式。编辑栏主要由_____、按钮组和_____组成。

5. 状态栏位于 Excel 2013 工作界面的_____，用于_____、切换视图模式和_____等操作。

二、判断题

1. 在功能区单击【文件】选项卡，可以打开 Backstage 视图，在该视图中可以管理文档和有关文档的相关数据，如新建、打开和保存文档等。　　　　　　　　　　（　　）

2. 工作表编辑区位于编辑栏的下方，是 Excel 2013 中的工作区域，用于进行 Excel 电子表格的创建和编辑等操作。　　　　　　　　　　　　　　　　　　　　　　（　　）

3. 在 Excel 2013 中，用户可以将两个或多个单元格合并在一起，也可以将合并后的单元格拆分。　　　　　　　　　　　　　　　　　　　　　　　　　　　　　　　（　　）

4. 相对引用是基于包含公式和单元格引用的单元格的相对位置。如果公式所在单元格的位置改变，那么引用也将随之改变。　　　　　　　　　　　　　　　　　　　（　　）

5. 单元格中的绝对单元格引用不总是在指定位置引用单元格。如果公式所在单元格的位置改变，绝对引用将保持不变。如果多行或多列地复制公式，绝对引用将不作调整。默认情况下，新公式使用相对引用，需要将它们转换为绝对引用。　　　　　　　（　　）

三、思考题

1. 如何在 Excel 2013 中分类汇总数据？

2. 如何在 Excel 2013 中设置单元格样式？

新起点
电脑教程

第10章

使用 PowerPoint 2013 制作幻灯片

本章主要内容

本章主要介绍了 PowerPoint 2013 中文稿的基本操作、幻灯片的基本操作、输入与设置文本、美化演示文稿、设置幻灯片的动画效果方面的知识与技巧。同时，还讲解了如何放映幻灯片。在本章的最后还针对实际工作需求，讲解了插入艺术字、插入声音以及插入视频的方法。通过本章的学习，读者基本可以掌握操作 PowerPoint 2013 的知识，为深入学习电脑知识奠定基础。

10.1 认识 PowerPoint 2013

PowerPoint 2013 是 Office 2013 中的一个重要的组成部分，主要用于制作幻灯片。使用 PowerPoint 2013 前首先要了解 PowerPoint 2013 的基本知识。本节将予以详细介绍。

10.1.1 启动 PowerPoint 2013

如果准备使用 PowerPoint 2013 进行演示文稿的编辑，首先需要启动 PowerPoint 2013。下面介绍启动 PowerPoint 2013 的操作方法。

第 1 步 在 Windows 7 系统桌面中，*1.* 单击【开始】按钮，*2.* 在弹出的菜单中选择【所有程序】菜单项，如图 10-1 所示。

第 2 步 在【所有程序】菜单中，*1.* 单击 Microsoft Office 2013 菜单项，*2.* 选择 PowerPoint 2013 菜单项，如图 10-2 所示。

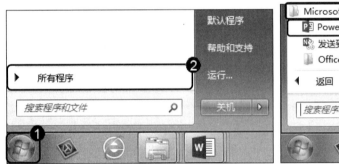

图 10-1

图 10-2

第 3 步 进入选择演示文稿模板界面，单击【空白演示文稿】选项，如图 10-3 所示。

第 4 步 通过上述操作即可启动 PowerPoint 2013，如图 10-4 所示。

图 10-3

图 10-4

10.1.2　认识 PowerPoint 2013 工作界面

在 Windows 7 系统中，启动 PowerPoint 2013 后即可进入 PowerPoint 2013 的工作界面。PowerPoint 2013 的工作界面主要由标题栏、快速访问工具栏、功能区、大纲区、工作区和状态栏等部分组成，如图 10-5 所示。

图 10-5

1. 标题栏

标题栏位于 PowerPoint 2013 工作界面的最上方，用于显示文档和程序名称。在标题栏的最右侧为【帮助】按钮、【功能区显示选项】按钮、【最小化】按钮、【最大化】按钮和【关闭】按钮，如图 10-6 所示。

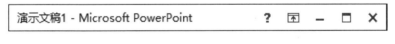

图 10-6

2. 快速访问工具栏

快速访问工具栏位于 PowerPoint 2013 工作界面的左上方，用于快速执行一些特定操作，如图 10-7 所示。在 PowerPoint 2013 的使用过程中，用户可以根据需要，添加或删除快速访问工具栏中的命令选项。

图 10-7

3. 功能区

功能区位于标题栏的下方，默认情况下由 9 个选项卡组成，分别为【文件】、【开始】、

【插入】、【设计】、【转换】、【动画】、【幻灯片放映】、【审阅】和【视图】，如图 10-8 所示。

图 10-8

4. Backstage 视图

在功能区切换到【文件】选项卡，可以打开 Backstage 视图。在该视图中可以管理演示文稿和有关演示文稿的相关数据，如创建、保存和发送演示文稿、检查演示文稿中是否包含隐藏的元数据或个人信息、设置打开或关闭"记忆式键入"等选项，如图 10-9 所示。

图 10-9

5. 大纲区

大纲区位于 PowerPoint 2013 工作界面的左侧，用于显示每张幻灯片中的标题和主要内容，如图 10-10 所示。

图 10-10

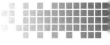

6. 工作区

在 PowerPoint 2013 中，文本、图片、视频和音乐等文件的编辑主要在工作区进行，每张声色俱佳的演示文稿均在工作区中显示，如图 10-11 所示。

图 10-11

7. 状态栏

状态栏位于 PowerPoint 2013 工作界面的最下方，用于查看页面信息、切换视图模式和调节显示比例等操作，如图 10-12 所示。

图 10-12

10.1.3　退出 PowerPoint 2013

在 PowerPoint 2013 中完成演示文稿的编辑和保存操作后，如果不准备使用 PowerPoint 2013，则单击界面右上角的【关闭】按钮 ⊠ 即可退出 PowerPoint 2013 软件，如图 10-13 所示。

图 10-13

10.2 文稿的基本操作

认识了 PowerPoint 2013 的工作界面,并掌握了启动和退出 PowerPoint 2013 的操作方法后,接下来就可以学习演示文稿的基本操作方法。本节将详细介绍新建演示文稿、保存演示文稿、关闭演示文稿和打开演示文稿的操作方法。

10.2.1 创建演示文稿

启动 PowerPoint 2013 后,系统会自动新建一个名为"演示文稿 1"的空白演示文稿。下面介绍新建演示文稿的操作方法。

第 1 步 在 PowerPoint 2013 中,切换到【文件】选项卡,如图 10-14 所示。

第 2 步 在 Backstage 视图中,**1.** 选择【新建】选项,**2.** 选择准备应用的演示文稿模板,如图 10-15 所示。

图 10-14

图 10-15

第 3 步 完成建立空白演示文稿的操作,如图 10-16 所示。

图 10-16

10.2.2 保存演示文稿

在 PowerPoint 2013 中完成演示文稿的创建与编辑操作后,可以将演示文稿保存到电脑中，从而便于日后进行演示文稿内容的查看与编辑操作。下面详细介绍保存演示文稿的操作方法。

第 1 步 在 PowerPoint 2013 中，切换到【文件】选项卡，如图 10-17 所示。

第 2 步 在 Backstage 视图中，选择【另存为】选项，如图 10-18 所示。

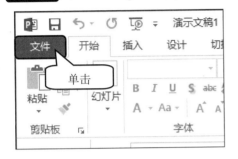

图 10-17

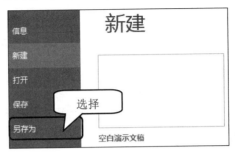

图 10-18

第 3 步 单击【浏览】按钮，如图 10-19 所示。

第 4 步 弹出【另存为】对话框，**1.** 设置保存位置，**2.** 在【文件名】下拉列表框中输入名称，**3.** 单击【保存】按钮即可保存演示文稿，如图 10-20 所示。

图 10-19

图 10-20

10.2.3　关闭演示文稿

在 PowerPoint 2013 中完成演示文稿的编辑操作后，如果不准备使用该演示文稿，则可关闭演示文稿。下面介绍关闭演示文稿的操作方法。

第 1 步 在 PowerPoint 2013 中，保存演示文稿后切换到【文件】选项卡，如图 10-21 所示。

第 2 步 在 Backstage 视图中，选择【关闭】选项，如图 10-22 所示。

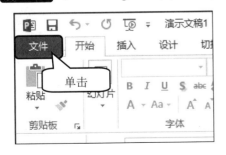

图 10-21

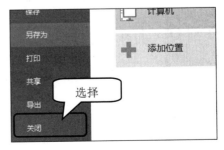

图 10-22

第3步 通过以上步骤即可关闭演示文稿，如图 10-23 所示。

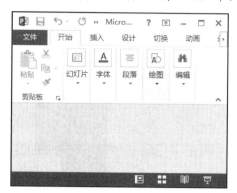

图 10-23

10.2.4 打开演示文稿

如果准备使用 PowerPoint 2013 查看或编辑电脑中保存的演示文稿内容，可以打开演示文稿。下面介绍打开演示文稿的方法。

第1步 在 PowerPoint 2013 中，保存演示文稿后，切换到【文件】选项卡，如图 10-24 所示。

第2步 在 Backstage 视图中，选择【打开】选项，如图 10-25 所示。

图 10-24

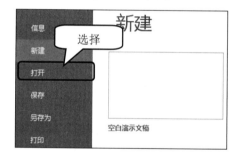

图 10-25

第3步 选择【计算机】选项，再单击【浏览】按钮，如图 10-26 所示。

第4步 弹出【打开】对话框，*1.* 选择文件所在位置，*2.* 选中准备打开的文件，*3.* 单击【打开】按钮，即可打开演示文稿，如图 10-27 所示。

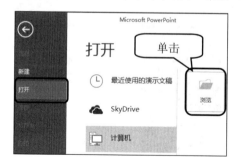

图 10-26

图 10-27

10.3　幻灯片的基本操作

如果准备在 PowerPoint 2013 中制作幻灯片，首先需要了解幻灯片的操作方法，如选择幻灯片、插入新幻灯片、移动幻灯片、复制幻灯片和删除幻灯片等。

10.3.1　选择幻灯片

在 PowerPoint 2013 中打开演示文稿后，在大纲区域单击准备选中的幻灯片缩略图选项即可选择幻灯片，如图 10-28 所示。

图 10-28

10.3.2　插入新幻灯片

在 PowerPoint 2013 中，插入不同版式的新幻灯片，从而可使演示文稿内容更完善。下面介绍插入新幻灯片的操作方法。

第 1 步 启动 PowerPoint 2013，*1.* 切换到【开始】选项卡，*2.* 单击【幻灯片】按钮，*3.* 单击【新建幻灯片】按钮，*4.* 选择【两栏内容】选项，如图 10-29 所示。

第 2 步 通过上述操作即可插入新幻灯片，如图 10-30 所示。

图 10-29

图 10-30

10.3.3 移动和复制幻灯片

在 PowerPoint 2013 中，可以将选中的幻灯片移动到指定位置，还可以为选中的幻灯片创建副本。下面介绍移动和复制幻灯片的操作方法。

第1步 在大纲区选中准备移动的幻灯片缩略图，*1.* 切换到【开始】选项卡，*2.* 在【剪贴板】组中单击【剪切】按钮，如图 10-31 所示。

第2步 选中一张幻灯片缩略图，在【剪贴板】组中单击【粘贴】按钮，如图 10-32 所示。

图 10-31

图 10-32

第3步 通过上述操作即可完成移动幻灯片的操作，如图 10-33 所示。

第4步 在大纲区选中准备复制的幻灯片缩略图，*1.* 切换到【开始】选项卡，*2.* 在【剪贴板】组中单击【复制】按钮，如图 10-34 所示。

图 10-33

图 10-34

第5步 选中一张幻灯片缩略图，在【剪贴板】组中单击【粘贴】按钮，即可完成复制幻灯片的操作，如图 10-35 所示。

图 10-35

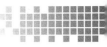

10.3.4　删除幻灯片

在 PowerPoint 2013 中，如果有多余或不需要的幻灯片，可以将其删除。其操作方法是，鼠标右键单击准备删除的幻灯片缩略图，在弹出的快捷菜单中，选择【删除幻灯片】菜单项，即可删除选中的幻灯片，如图 10-36 所示。

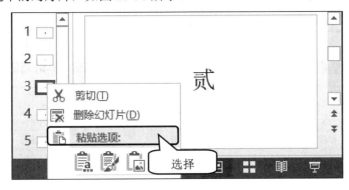

图 10-36

10.4　输入与设置文本

在 PowerPoint 2013 中创建演示文稿后，需要在幻灯片中输入文本，并对文本格式和段落格式等进行设置，从而使演示文稿达到风格独特、样式美观的目的。本节将介绍输入与设置文本的操作方法。

10.4.1　输入文本

在默认情况下，PowerPoint 2013 演示文稿包括标题和副标题两种虚线边框标识占位符。单击虚线边框标识占位符中的任意位置即可输入文字。下面详细介绍其操作步骤。

第 1 步　在大纲区中，*1.* 选中准备输入文本的幻灯片缩略图，*2.* 单击准备输入文本的占位符，将光标定位在占位符中，如图 10-37 所示。

第 2 步　选择合适的输入法输入文本内容，如图 10-38 所示。

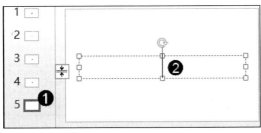

图 10-37

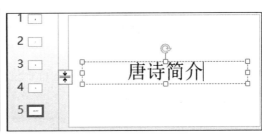

图 10-38

10.4.2　更改虚线边框标识占位符

在虚线边框标识占位符中，不但可以插入文本、图片、图表和其他对象，还可以更改虚线边框标识占位符。更改虚线边框标识占位符包括调整虚线边框标识占位符的大小和调整虚线边框标识占位符的位置。下面介绍更改虚线边框标识占位符的操作方法。

第1步 单击准备调整大小的占位符，此时占位符的各边和各角出现方形和圆形的尺寸控制点。移动鼠标指针至控制点上，此时鼠标变为 形状，单击并拖动鼠标，如图 10-39 所示。

第2步 调整虚线边框标识占位符大小的操作完成，如图 10-40 所示。

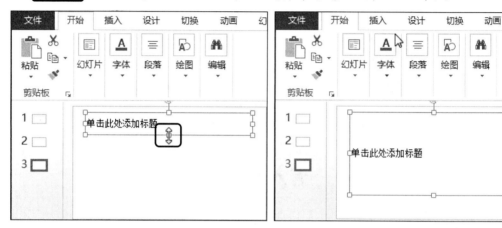

图 10-39　　　　　　　　　　　　　　图 10-40

第3步 单击准备调整位置的虚线边框标识占位符，此时占位符的各边和各角出现方形和圆形的尺寸控制点。移动鼠标指针至占位符上，此时光标变为 形状，单击拖动鼠标，如图 10-41 所示。

第4步 调整虚线边框标识占位符位置的操作完成，如图 10-42 所示。

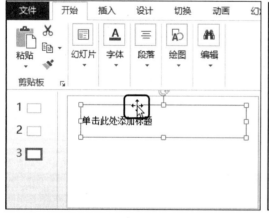 

图 10-41　　　　　　　　　　　　　　图 10-42

10.4.3　设置文本格式

将文本输入到幻灯片中后，可以根据幻灯片的内容设置文本格式，使文本的风格符合演示文稿的主题。下面介绍设置文本格式的操作方法。

第1步 选中准备设置格式的文本，**1.**切换到【开始】选项卡，**2.**单击【字体】按钮，**3.**在弹出的下拉菜单中单击【启动器】按钮，如图 10-43 所示。

第2步 弹出【字体】对话框，**1.**切换到【字体】选项卡，**2.**在【中文字体】下拉列表框中选择字体，**3.**设置字体的样式、大小和颜色，**4.**单击【确定】按钮，如图 10-44 所示。

图 10-43

图 10-44

第3步 通过上述方法即可完成设置文本格式的操作，如图 10-45 所示。

图 10-45

10.5 美化演示文稿

使用 PowerPoint 2013 制作幻灯片后，为了增强幻灯片的显示效果，可以美化幻灯片。本节将介绍美化幻灯片的操作方法。

10.5.1 改变幻灯片背景

在 PowerPoint 2013 演示文稿中，设置幻灯片背景的操作方法如下。

第1步 在大纲区单击准备改变背景的幻灯片，**1.** 切换到【设计】选项卡，**2.** 单击【主题】按钮，**3.** 在弹出的下拉菜单中选择一个主题样式，如图 10-46 所示。

第2步 通过以上步骤即可完成幻灯片背景的设置，如图 10-47 所示。

图 10-46

图 10-47

10.5.2 插入图片

在幻灯片中，用户可以根据需要插入图片，从而达到美化幻灯片的目的。在 PowerPoint 2013 中插入图片的方法非常简单，下面将详细介绍其操作方法。

第1步 启动 PowerPoint 2013，**1.** 切换到【插入】选项卡，**2.** 单击【图像】按钮，**3.** 在弹出的下拉菜单中单击【图片】按钮，如图 10-48 所示。

第2步 弹出【插入图片】对话框，**1.** 选择准备插入图片的所在位置，**2.** 选中要插入的图片，**3.** 单击【插入】按钮，如图 10-49 所示。

第3步 通过上述操作即可在幻灯片中插入图片，如图 10-50 所示。

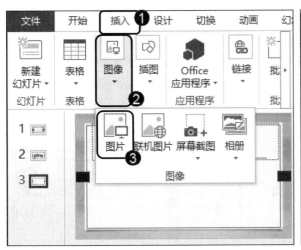

图 10-48　　　　　　　　　　　　　　图 10-49

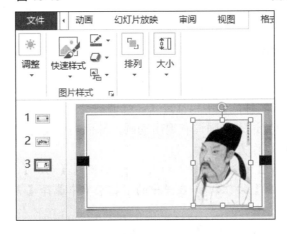

图 10-50

10.6　设置幻灯片的动画效果

制作完演示文稿后，应该学会在幻灯片中添加动画效果。设置幻灯片的动画效果包括选择动画方案和自定义动画。下面分别予以详细介绍。

10.6.1　选择动画方案

动画方案包括缩放、擦除、弹跳、旋转等，用户可以根据自己的爱好选择方案。下面详细介绍选择动画方案的操作步骤。

第1步　在大纲区选择准备应用动画方案的幻灯片缩略图，**1.** 切换到【动画】选项卡，**2.** 单击【动画】按钮，**3.** 在弹出的下拉菜单中选择【飞入】动画，如图 10-51 所示。

第2步 通过上述操作即可为幻灯片添加"飞入"动画效果，如图 10-52 所示。

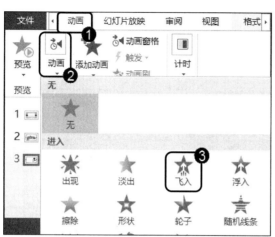

图 10-51

图 10-52

10.6.2 自定义动画

自定义动画可以为文本、图像或者其他对象预设自定义动画效果。在 PowerPoint 2013 中，自定义动画共有 203 种，其中包括进入、强调、退出、动作路径四类。用户通过自定义动画操作可为对象设置进入、强调和退出动画，从而增强幻灯片的播放效果。下面详细介绍制作自定义动画的操作方法。

第1步 选中准备自定义动画的幻灯片，1. 切换到【动画】选项卡，2. 在【高级动画】组中单击【添加动画】按钮，3. 在弹出的下拉菜单中选择【更多进入效果】菜单项，如图 10-53 所示。

第2步 弹出【添加进入效果】对话框，1. 选择准备自定义动画的类型，2. 单击【确定】按钮，如图 10-54 所示。

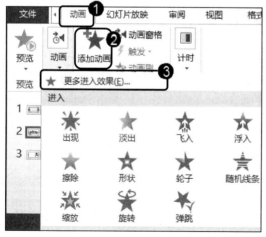

图 10-53

图 10-54

第3步 通过上述步骤即可完成给幻灯片自定义动画的操作，如图 10-55 所示。

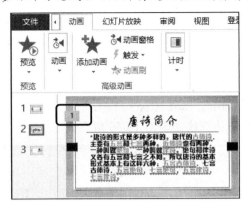

图 10-55

10.7　放映幻灯片

幻灯片动画设置结束后，可以通过放映幻灯片进行展示。放映幻灯片有多种方式。例如从头开始放映、从当前幻灯片开始放映、自定义幻灯片放映等。本节将详细介绍放映幻灯片的方法。

10.7.1　从当前幻灯片开始放映

下面以从当前幻灯片开始放映为实例，详细介绍在 PowerPoint 2013 演示文稿中放映幻灯片的操作步骤。

第1步 选中一张幻灯片 *1.* 切换到【幻灯片放映】选项卡，*2.* 在【开始放映幻灯片】组中单击【从当前幻灯片开始】按钮，如图 10-56 所示。

第2步 幻灯片开始从当前页放映，如图 10-57 所示。

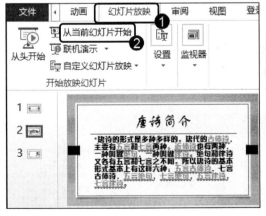

图 10-56

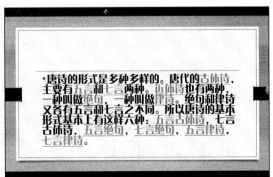

图 10-57

10.7.2 从头开始放映幻灯片

除了从当前页放映幻灯片之外，还可以从头放映幻灯片。从头放映幻灯片的方法非常简单，下面详细介绍其操作方法。

第1步 选中一张幻灯片，**1.** 切换到【幻灯片放映】选项卡，**2.** 在【开始放映幻灯片】组中单击【从头开始】按钮，如图 10-58 所示。

第2步 幻灯片开始从头放映，如图 10-59 所示。

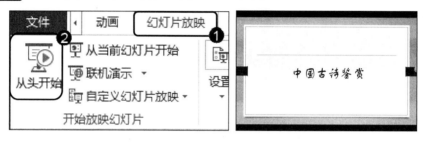

图 10-58   图 10-59

10.8 实践案例与上机指导

通过本章的学习，读者基本可以掌握 PowerPoint 2013 的基本知识以及一些常见的操作方法。下面通过练习，以达到巩固学习、拓展提高的目的。

10.8.1 插入艺术字

在 PowerPoint 2013 中，艺术字具有装饰作用，在幻灯片中插入艺术字可以美化幻灯片页面。下面介绍插入艺术字的操作方法。

第1步 启动 PowerPoint 2013，**1.** 切换到【插入】选项卡，**2.** 单击【文本】按钮，**3.** 在下拉菜单中单击【艺术字】按钮，**4.** 在弹出的子菜单中选择一个艺术字类型，如图 10-60 所示。

第2步 在幻灯片中插入了一个【请在此放置您的文字】文本框，在文本框中输入艺术字内容即可完成插入艺术字的操作，如图 10-61 所示。

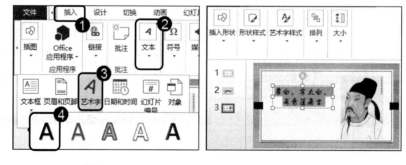

图 10-60   图 10-61

10.8.2 插入声音

在 PowerPoint 2013 中，通过在演示文稿中插入声音，可以使演示文稿更加富有感染力，从而美化演示文稿。下面介绍在幻灯片中插入声音的操作方法。

第 1 步 启动 PowerPoint 2013，**1.** 切换到【插入】选项卡，**2.** 单击【媒体】按钮，**3.** 在弹出的下拉菜单中单击 【音频】按钮，**4.** 在弹出的子菜单中选择【PC 上的音频】菜单项，如图 10-62 所示。

第 2 步 弹出【插入音频】对话框，**1.** 选择音频所在文件夹的位置，**2.** 选择准备添加的音频文件，**3.** 单击【插入】按钮，如图 10-63 所示。

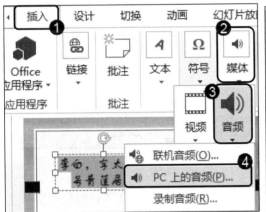

图 10-62

图 10-63

第 3 步 在幻灯片中插入了一个喇叭图标，通过以上步骤即可在幻灯片中插入音频，如图 10-64 所示。

图 10-64

10.8.3 插入视频

使用 PowerPoint 2013 对演示文稿进行编辑时，用户除了可以给幻灯片添加文字、声音和图片对象之外,还可以根据实际需要给幻灯片添加视频影片,从而完善幻灯片的内容,起到美化幻灯片的作用。插入影片的方法非常简单,下面介绍其操作方法。

第1步 启动 PowerPoint 2013,**1.** 切换到【插入】选项卡,**2.** 单击【媒体】按钮,**3.** 在弹出的下拉菜单中单击【视频】按钮,**4.** 在弹出的子菜单中选择【PC 上的视频】菜单项,如图 10-65 所示。

第2步 弹出【插入视频文件】对话框,**1.** 选择视频所在文件夹的位置,**2.** 选择准备添加的文件,**3.** 单击【插入】按钮,如图 10-66 所示。

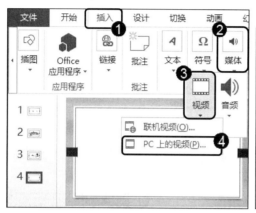

图 10-65

图 10-66

第3步 在幻灯片中插入了一个播放进度控制条,通过以上步骤即可在幻灯片中插入视频,如图 10-67 所示。

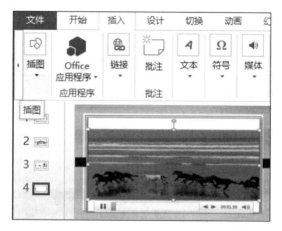

图 10-67

10.8.4 添加幻灯片切换效果

在 PowerPoint 2013 中,使用超链接可以在幻灯片与幻灯片之间切换,从而增强演示文稿的可视性。下面介绍使用超链接的操作方法。

第1步 选中准备添加超链接的幻灯片,**1.** 切换到【插入】选项卡,**2.** 单击【链接】按钮,**3.** 在弹出的下拉菜单中单击【超链接】按钮,如图 10-68 所示。

第2步 弹出【插入超链接】对话框，*1.* 选择【本文档中的位置】选项，*2.* 在【请选择文档中的位置】列表框中选择【幻灯片 4】选项，*3.* 单击【确定】按钮，如图 10-69 所示。

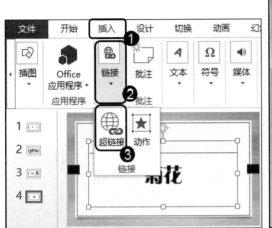

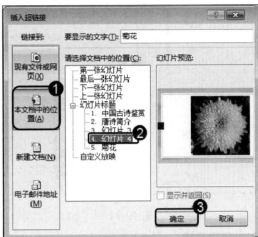

图 10-68   图 10-69

第3步 通过以上步骤即可在幻灯片中插入超链接，如图 10-70 所示。

图 10-70

10.8.5 插入动作按钮

在制作幻灯片时，有时候需要给幻灯片添加动作按钮，当播放幻灯片的时候只需单击动作按钮就可以达到自己想要的效果。如从一张幻灯片到另一张幻灯片的跳转等。在 PowerPoint 2013 中，给幻灯片添加动作按钮的操作方法如下。

第1步 选中准备添加动作按钮的幻灯片，*1.* 切换到【插入】选项卡，*2.* 单击【链接】按钮，*3.* 单击【动作】按钮，如图 10-71 所示。

第2步 单击幻灯片任意位置，弹出【操作设置】对话框，1.切换到【单击鼠标】选项卡，2.选中【超链接到】单选按钮，3.单击【确定】按钮，如图 10-72 所示。

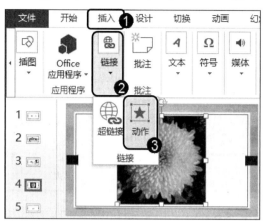

图 10-71　　　　　　　　　　　　　　　图 10-72

第3步 通过以上步骤即可在幻灯片中插入动作按钮，如图 10-73 所示。

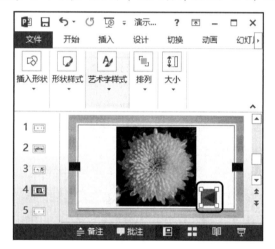

图 10-73

10.9　思考与练习

一、填空题

1.　在 Windows 7 系统中，启动 PowerPoint 2013 后即可进入 PowerPoint 2013 的工作界面。PowerPoint 2013 的工作界面主要由_____、快速访问工具栏、_____、大纲区、_____和_____等部分组成。

2.　标题栏位于 PowerPoint 2013 工作界面的_____，用于显示文档和程序名称。在标题栏的最右侧是_____、最大化按钮、_____和_____按钮。

3.　功能区位于标题栏的下方，由【文件】、_____、【插入】、_____、

【转换】、＿＿＿＿＿＿＿、【幻灯片放映】、【审阅】和＿＿＿＿＿＿＿组成。

4. 状态栏位于 PowerPoint 2013 工作界面的＿＿＿＿＿＿＿，用于＿＿＿＿＿＿＿、切换视图模式和＿＿＿＿＿＿＿等操作。

二、判断题

1. 启动 PowerPoint 2013 后，系统会自动新建一个名为"演示文稿 1"的空白演示文稿。 （ ）

2. 在 PowerPoint 2013 中完成演示文稿的创建与编辑操作后，可以将演示文稿保存到电脑中，从而便于日后进行演示文稿内容的查看与编辑操作。 （ ）

3. 在功能区单击【文件】选项卡，可以打开 Backstage 视图。在该视图中可以管理演示文稿和有关演示文稿的相关数据，如创建、保存和发送演示文稿、检查演示文稿中是否包含隐藏的元数据或个人信息、设置打开或关闭"记忆式键入"等选项。 （ ）

4. 在默认情况下，PowerPoint 2013 演示文稿包括标题和副标题两种虚线边框标识占位符。单击虚线边框标识占位符中的任意位置即可输入文字。 （ ）

5. 在 PowerPoint 2013 中，自定义动画共有 204 种，其中包括进入、强调、退出、动作路径四类。用户通过自定义动画操作可为对象设置进入、强调和退出动画，从而增强幻灯片的播放效果。 （ ）

三、思考题

1. 如何在 PowerPoint 2013 中插入艺术字？
2. 如何在 PowerPoint 2013 中插入动作按钮？

新起点
电脑教程

第11章

上网浏览信息

本章要点

- 连接上网的方法
- 认识 IE 浏览器
- 浏览网上信息
- 使用网络收藏夹
- 使用百度搜索引擎

本章主要内容

本章主要介绍了连接上网的方法、认识 IE 浏览器、浏览网上信息、使用网络收藏夹方面的知识与技巧。同时，还讲解了使用百度搜索引擎的方法。在本章的最后还针对实际的工作需求，讲解了 InPrivate 浏览、设置浏览器安全级别、查询手机号码归属地的方法。通过本章的学习，读者可以掌握浏览网上信息方面的知识，为深入学习电脑知识奠定基础。

11.1　连接上网的方法

网络作为当今世界上最为普及的一种电脑应用技术，已经渗透到社会各个领域，无论是新闻、工作、生活、学习、聊天、娱乐和游戏等方面都应用到了网络。本节将重点介绍网络的基础知识和连接网络的方法。

11.1.1　什么是互联网

互联网是 Internet 的中文名称。互联网是指将两台或者两台以上的电脑通过电脑信息技术的手段互相联系起来而产生的结果。通过互联网，人们日常生活的模式正在发生着改变。下面详细介绍一下互联网的作用。

- ➤ 浏览各类新闻：通过互联网中各个门户网站提供的信息，用户可以快速浏览各类新闻，掌握最新的新闻信息。如世界各国的时政要闻、娱乐界的最新动态、各类比赛结果等。
- ➤ 查找各种信息：互联网是个信息的海洋，通过互联网的信息搜索引擎几乎可以找到需要的任何信息。如在著名搜索引擎百度中搜索"查看公交路线"。
- ➤ 休闲娱乐：通过互联网的休闲娱乐功能，可以丰富自己的业余生活，如在网站上收看各类电视节目、电影或者听音乐、玩游戏等。
- ➤ 网上学习和发布信息：因为互联网不受时间、地点和环境等因素影响，使得网络教学变得更为方便快捷，教学模式也变得更为灵活。而通过在网络中发布信息，不仅可以换取所需的信息，还可以增加人与人之间的交流。
- ➤ 下载各类资源：目前互联网上有许多资源供用户下载使用，如文章、图片、视频、软件和各类素材等。
- ➤ 聊天与邮件的收发：在互联网上，通过 QQ、陌陌等聊天软件可以进行文字和视频聊天。通过邮件的发送与接收，可以实现异地信息快速的交流。

11.1.2　建立 ADSL 宽带连接

ADSL(Asymmetric Digital Subscriber Line)，中文译为"非对称数字用户环路"，是目前使用比较广泛的网络连接方式，非常适合家庭、小型公司和网吧使用。ADSL 采用频分复用技术，把普通的电话线分成了电话、上行和下行三个相对独立的信道，从而避免了相互之间的干扰。如果准备使用 ADSL 宽带连接上网，则首先需要安装相应的硬件和软件设施，才能保证网络的连接。下面详细介绍在 Windows 7 操作系统中，建立 ADSL 宽带连接的操作步骤。

第1步　在 Windows 7 系统桌面上，*1.* 单击【开始】按钮，*2.* 在【开始】菜单中选择【控制面板】菜单项，如图 11-1 所示。

第2步 在【控制面板】窗口中，*1.* 单击【类别】按钮，*2.* 在弹出的菜单中选择【小图标】菜单项，如图 11-2 所示。

图 11-1 　　　　　　　　　　　　　　图 11-2

第3步 在【控制面板】窗口中，单击【网络和共享中心】链接项，如图 11-3 所示。

第4步 在弹出【网络和共享中心】窗口下的【更改网络设置】区域中，单击【设置新的连接或网络】链接项，如图 11-4 所示。

图 11-3 　　　　　　　　　　　　　　图 11-4

第5步 弹出【设置连接或网络】对话框，在【选择一个连接选项】区域中，*1.* 单击【连接到 Internet】链接项，*2.* 单击【下一步】按钮，如图 11-5 所示。

第6步 弹出【连接到 Internet】对话框，进入【您想如何连接】界面，单击【宽带(PPPoE)(R)】链接项，如图 11-6 所示。

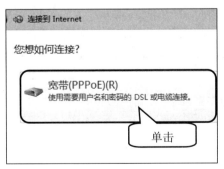

图 11-5 　　　　　　　　　　　　　　图 11-6

第7步 进入【键入您的 Internet 服务提供商(ISP)提供的信息】界面，*1.* 在【用户名】文本框中输入名称，在【密码】文本框中输入密码，*2.* 单击【连接】按钮，如图 11-7 所示。

第8步 进入【正在连接到 宽带连接】工作界面，界面显示"正在连接……"，完成上述操作即可连接上网，如图 11-8 所示。

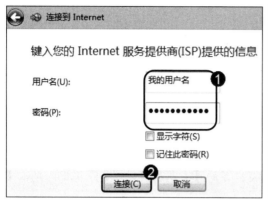

图 11-7

图 11-8

11.2 认识 IE 浏览器

Internet Explorer，简称 IE，是微软公司推出的一款网页浏览器。Internet Explore 是目前网络中使用最广泛的网页浏览器，是 Windows 7 操作系统组成的一部分。

11.2.1 启动与退出 IE 浏览器

在 Windows 7 的操作系统中，系统自动安装了 Internet Explorer 网页浏览器。下面介绍如何启动和退出 IE 浏览器的方法。

第1步 在 Windows 7 系统桌面上，*1.* 单击【开始】按钮，*2.* 在【开始】菜单中单击【所有程序】菜单项，如图 11-9 所示。

第2步 在【所有程序】菜单中，选择 Internet Explorer 菜单项，如图 11-10 所示。

图 11-9   图 11-10

第 3 步　通过以上步骤即可完成启动 IE 浏览器的操作，如图 11-11 所示。

第 4 步　单击浏览器界面右上角【关闭】按钮  即可退出浏览器，如图 11-12 所示。

图 11-11　　　　　　　　　　　　　　　图 11-12

11.2.2　认识 IE 浏览器的工作界面

启动 IE 浏览器后，下面介绍一下 IE 浏览器的工作界面。IE 浏览器主要由地址栏、菜单栏、工具栏、选项卡、水平和垂直滚动条、状态栏、网页浏览窗口等部分组成，如图 11-13 所示。

图 11-13

➢ 地址栏：用于输入网址或显示当前网页的网址。

➢ 菜单栏：由文件、编辑、查看、收藏夹、工具、帮助 6 组菜单组成，使用这些菜单功能可对浏览器进行设置。

➢ 工具栏：显示用户经常使用的一些常用工具按钮。

➢ 选项卡：每浏览一个网页都会在 IE 浏览器的菜单栏下方出现一个提示网页名称的选项卡，单击【选项卡】右侧的【关闭】按钮 ⊠ 即可关闭选项卡。

➢ 滚动条：包括垂直滚动条和水平滚动条，使用鼠标单击并拖动垂直或水平滚动条，可以浏览全部的网页。

➢ 网页浏览窗口：是 IE 浏览器工作界面中最大的显示区域，用于显示当前网页内容。

➢ 状态栏：位于 IE 浏览器的最下方，用于显示浏览器当前操作的状态信息。

11.3 浏览网上信息

启动 IE 浏览器后，使用 IE 浏览器即可浏览网页内容。本节将介绍浏览网上信息的方法，如打开网页、使用超链接浏览网页等的方法。

11.3.1 输入网址打开网页

在 IE 浏览器的地址栏中输入网址，是打开网页浏览网络信息最常用的方法。下面介绍其操作方法。

第1步 启动 IE 浏览器，**1.** 在地址栏中输入网址，如"http//www.sina.com"，**2.** 单击【转至】按钮，如图 11-14 所示。

第2步 通过以上步骤即可完成输入网址打开网页的操作，如图 11-15 所示。

图 11-14

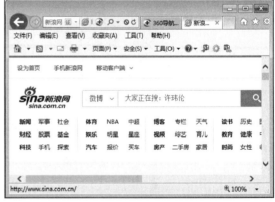

图 11-15

11.3.2 使用超链接浏览网页

超链接是一种对象，它以特殊编码的文本或图形的形式实现链接。如果单击该链接，则相当于指示浏览器移至同一网页内的某个位置，或打开一个新的网页。当鼠标指针移至超链接上时，鼠标指针就会变成 形状。下面介绍使用超链接浏览网页的操作方法。

第1步 启动 IE 浏览器，在网页导航中找到准备浏览的网页链接，如"搜狐"链接，单击链接，如图 11-16 所示。

第2步 通过以上操作即可通过超链接打开网页，如图 11-17 所示。

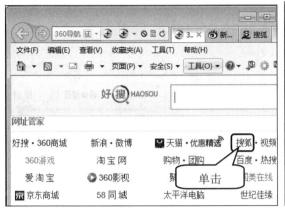

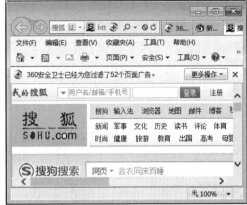

图 11-16　　　　　　　　　　　　　　　　图 11-17

11.3.3　保存当前网页

在浏览网页时，如果查看的网页非常重要，可以将其保存到电脑中，以备日后查看。下面介绍保存网页的操作方法。

第 1 步　启动 IE 浏览器，打开准备保存的网页，*1.* 在菜单栏中选择【文件】菜单，*2.* 在弹出的下拉菜单中选择【另存为】菜单项，如图 11-18 所示。

第 2 步　弹出【保存网页】对话框，*1.* 设置保存位置，*2.* 在【文件名】下拉列表框中输入文件名，*3.* 在【保存类型】下拉列表框中选择【网页，全部(*.htm;*.html)】选项，*4.* 单击【保存】按钮即可完成保存网页的操作，如图 11-19 所示。

图 11-18　　　　　　　　　　　　　　　　图 11-19

11.3.4　保存网页中的图片

在浏览网页时，如果看到喜欢的图片，可以将其保存到计算机的磁盘中，方便以后浏览。下面详细介绍保存图片的操作步骤。

第 1 步　打开准备保存图片的网页，右键单击准备保存的图片，在弹出的快捷菜单中选择【图片另存为】菜单项，如图 11-20 所示。

第2步 弹出【保存图片】对话框，**1.** 选择准备保存图片的目标位置，**2.** 在【文件名】下拉列表框中输入图片的名称，**3.** 单击【保存】按钮，如图 11-21 所示。

图 11-20

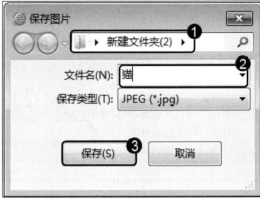

图 11-21

第3步 打开保存图片的文件夹，可以查看到保存在该文件夹中的图片，如图 11-22 所示。

图 11-22

11.4 使用网络收藏夹

在浏览网页信息时，如果看到对自己有用的信息可以通过 IE 浏览器的收藏夹将其网站网页进行收藏，这样可以方便以后浏览。下面介绍使用收藏夹的操作方法。

11.4.1 将喜欢的网页添加至收藏夹

如果用户经常使用某些网页，可以将经常浏览的网页收藏到 IE 浏览器的收藏夹中，从而便于下次查看。下面详细介绍收藏网页的操作步骤。

第1步 使用 IE 浏览器打开准备添加到收藏夹的网页，**1.** 选择【收藏夹】菜单，**2.** 在弹出的下拉菜单中单击【添加到收藏夹】菜单项，如图 11-23 所示。

第 2 步　弹出【添加收藏】对话框，*1.* 在【名称】文本框中输入准备添加收藏网页的名称，*2.* 单击【添加】按钮，如图 11-24 所示。

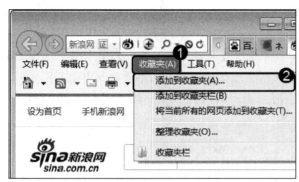

图 11-23　　　　　　　　　　　图 11-24

第 3 步　此时在 IE 浏览器窗口中的【收藏夹】菜单项中，可以查看已收藏的网页，如图 11-25 所示。

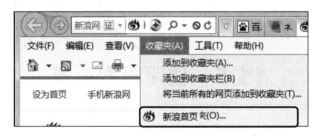

图 11-25

11.4.2　打开收藏夹中的网页

将网页添加到收藏夹中后，就可以在需要的时候快速地打开网页。下面详细介绍打开收藏夹中的网页的操作方法。

第 1 步　启动 IE 浏览器，*1.* 在菜单栏中选择【收藏夹】菜单，*2.* 在弹出的菜单中单击准备打开的网页，如图 11-26 所示。

第 2 步　IE 浏览器窗口跳转到收藏的网页，如图 11-27 所示。

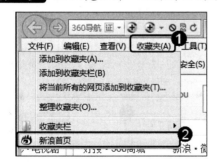

图 11-26　　　　　　　　　　　图 11-27

11.4.3 删除收藏夹中的网页

在 IE 浏览器中，对于收藏夹中不经常使用的内容可以将其删除。下面介绍删除收藏夹中的内容的操作方法。

第 1 步 启动 IE 浏览器，**1.** 在菜单栏中选择【收藏夹】菜单，**2.** 在弹出的菜单中右键单击准备删除的网页，**3.** 在弹出的快捷菜单中选择【删除】菜单项，如图 11-28 所示。

第 2 步 再次选择【收藏夹】菜单，可以查看到网页已被删除，如图 11-29 所示。

图 11-28

图 11-29

11.5 使用搜索引擎

目前互联网中有很多网站都提供搜索引擎，供用户免费使用。搜索引擎是以一定的运算模式将互联网中的信息进行处理，然后把搜索的信息显示给用户的工具。本节将以"百度"搜索引擎为例，详细介绍使用搜索引擎的方法。

11.5.1 在网上搜索资料信息

百度搜索引擎将各种资料信息进行整合处理，当用户在百度搜索引擎中输入需要的信息时即可将其找到。下面详细介绍搜索信息的操作方法。

第 1 步 打开 IE 浏览器，在导航页中单击【百度】链接，如图 11-30 所示。

第 2 步 在弹出的百度网页窗口中，**1.** 在搜索框中输入准备搜索的信息内容，**2.** 单击【百度一下】按钮，如图 11-31 所示。

图 11-30   图 11-31

第3步 在弹出的网页窗口中，显示百度所检索出的信息，单击优酷网超链接，如图 11-32 所示。

第4步 通过以上步骤即可完成使用百度搜索引擎搜索网络信息的操作，如图 11-33 所示。

图 11-32

图 11-33

11.5.2　搜索图片

百度图片搜索引擎是世界上最大的中文图片搜索引擎，百度从 8 亿中文网页中提取各类图片，建立了世界第一的中文图片库。下面详细介绍利用百度图片搜索引擎搜索图片的操作方法。

第1步 打开 IE 浏览器，在导航页中单击【百度】链接，如图 11-34 所示。

第2步 弹出百度网页窗口，*1.* 将鼠标指针移至窗口右侧的【更多产品】按钮，*2.* 在弹出的下拉菜单中单击【图片】按钮，如图 11-35 所示。

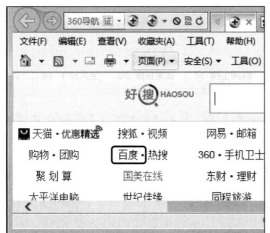

图 11-34

图 11-35

第3步 进入百度图片网页窗口，在搜索框中输入信息即可搜索图片，如图 11-36 所示。

图 11-36

11.5.3 查找地图

在百度地图里，用户可以查询街道、商场、楼盘的地理位置，也可以找到离自己最近的所有餐馆、学校、银行、公园等。

第 1 步 打开 IE 浏览器，在导航页中单击【百度】链接，如图 11-37 所示。

第 2 步 弹出百度网页窗口，*1.* 将鼠标指针移至窗口右侧的【更多产品】按钮，*2.* 在弹出的下拉菜单中单击【全部产品】按钮，如图 11-38 所示。

图 11-37

图 11-38

第 3 步 进入百度所有产品网页窗口，在【搜索服务】区域中单击【地图】超链接，如图 11-39 所示。

第 4 步 进入百度地图，在文本框中输入地理名称，单击【百度一下】按钮即可完成操作，如图 11-40 所示。

图 11-39

图 11-40

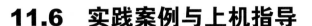

11.6　实践案例与上机指导

通过本章的学习，读者基本可以掌握上网浏览信息的基本知识以及一些常见的操作方法。下面通过练习，以达到巩固学习、拓展提高的目的。

11.6.1　InPrivate 浏览

InPrivate 浏览可以使用户在互联网中操作时不留下任何隐私痕迹，对于防止其他计算机用户查看该用户访问的网站内容和查看的信息内容很有效。在用户启动 InPrivate 浏览后，IE 浏览器会打开一个新窗口，InPrivate 浏览提供的保护仅在用户使用该窗口期间有效。用户可以在该窗口中根据需要打开尽可能多的选项卡，这些选项卡都将受到 InPrivate 浏览的保护。但是，如果用户打开了另一个浏览器窗口，则该窗口不受 InPrivate 浏览保护。若要结束 InPrivate 浏览会话，只需关闭该浏览器窗口即可。设置 InPrivate 浏览的方法非常简单，下面介绍使用 InPrivate 浏览的操作方法。

第 1 步 启动 IE 浏览器，单击【安全】按钮，在弹出的下拉菜单中选择【InPrivate 浏览】菜单项，如图 11-41 所示。

第 2 步 进入 InPrivate 处于启用状态网页，通过上述操作即可启用 InPrivate 浏览器，如图 11-42 所示。

图 11-41

图 11-42

11.6.2　使用百度搜索引擎翻译

百度翻译是一项免费的在线翻译服务，提供高质量的中文、英语、日语、韩语、西班牙语、泰语、法语等语种翻译服务。下面介绍利用搜索引擎翻译的操作方法。

第 1 步 打开 IE 浏览器，在导航页中单击【百度】链接，如图 11-43 所示。

第 2 步 弹出百度网页窗口，*1.* 将鼠标指针移至窗口右侧的【更多产品】按钮，*2.* 在弹出的下拉菜单中单击【全部产品】按钮，如图 11-44 所示。

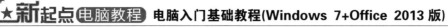

图 11-43

图 11-44

第3步 进入百度所有产品网页窗口,在【搜索服务】区域中单击【百度翻译】超链接,如图 11-45 所示。

第4步 进入百度翻译网页,在左侧文本框中输入准备翻译的语种,右侧文本框中自动显示翻译结果,如图 11-46 所示。

图 11-45

图 11-46

11.6.3 设置浏览器安全级别

使用 IE 浏览器时,可以为该浏览器设置安全级别,从而保证自己电脑的使用安全。下面介绍设置浏览器的安全级别的操作方法。

第1步 启动 IE 浏览器,**1.** 单击【工具】按钮,**2.** 在弹出的下拉菜单中选择【Internet 选项】菜单项,如图 11-47 所示。

第2步 弹出【Internet 选项】对话框,**1.** 选择【安全】选项卡,**2.** 在【该区域的安全级别】区域设置浏览器的安全级别,**3.** 单击【确定】按钮即可完成设置浏览器的安全级别的操作,如图 11-48 所示。

图 11-47

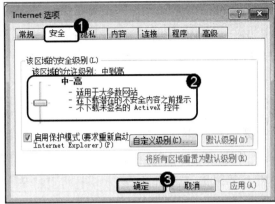

图 11-48

11.6.4　查询手机号码归属地

利用百度搜索引擎还可以查询手机号码归属地。下面详细介绍其操作方法。

第 1 步 打开百度网页，**1.** 在文本框中输入"手机号码归属地查询"，**2.** 在弹出的链接中单击【电话号码归属地查询】链接，如图 11-49 所示。

第 2 步 打开手机号码查询网页，在文本框中输入手机号码即可查询归属地，如图 11-50 所示。

图 11-49

图 11-50

11.6.5　百度网的高级搜索功能

为了能够更精确地搜索到所要的资源，百度网站还提供了高级搜索的功能。下面详细介绍其操作方法。

第 1 步 打开 IE 浏览器，单击【百度】链接，如图 11-51 所示。

第 2 步 进入百度网页，**1.** 在文本框中输入"百度高级搜索"，**2.** 在弹出的链接中单击【高级搜索】链接，如图 11-52 所示。

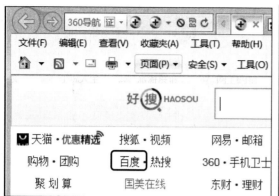

图 11-51

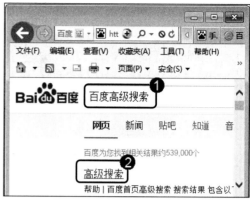

图 11-52

第3步 进入高级搜索网页，*1.* 在【搜索结果】区域的三个文本框内都输入所要查询的关键字，*2.* 在【时间】下拉列表框中选择【全部时间】选项，*3.* 单击【百度一下】按钮即可进行搜索，如图 11-53 所示。

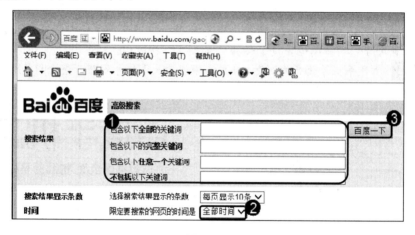

图 11-53

11.6.6 保存网页上的超链接

在浏览网页的过程中，如果遇到感兴趣的新闻或文章的链接，也可以保存到自己的电脑中。保存网页上的超链接的方法非常简单，下面将详细介绍其操作方法。

第1步 打开 IE 浏览器，鼠标右键单击准备保存的超链接，在弹出的快捷菜单中选择【目标另存为】菜单项，如图 11-54 所示。

第2步 弹出【另存为】对话框，*1.* 选择目标保存的位置，*2.* 在【文件名】下拉列表框中输入名称，*3.* 单击【保存】按钮，如图 11-55 所示。

第3步 通过以上步骤即可完成保存网页上的超链接的操作，如图 11-56 所示。

图 11-54　　　　　　　　　　　　　　　　　　图 11-55

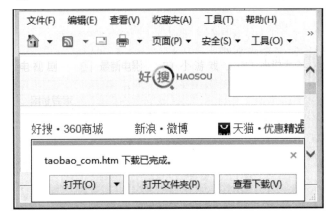

图 11-56

11.7　思考与练习

一、填空题

1. ＿＿＿＿＿＿＿＿是 Internet 的中文名称。互联网是指将＿＿＿＿＿＿＿＿或者两台以上的电脑通过＿＿＿＿＿＿＿＿的手段互相联系起来而产生的结果。

2. 互联网的作用包括浏览各类新闻、＿＿＿＿＿＿＿＿、休闲娱乐、网上学习和发布信息、＿＿＿＿＿＿＿＿、聊天与邮件的收发。

3. ADSL 中文译为＿＿＿＿＿＿＿＿，是目前使用比较广泛的网络连接方式，非常适合家庭、＿＿＿＿＿＿＿＿和网吧使用。ADSL 采用＿＿＿＿＿＿＿＿技术，把普通的电话线分成了电话、上行和下行三个相对独立的信道，从而避免了相互之间的干扰。

4. Internet Explorer 简称 IE，是＿＿＿＿＿＿＿＿公司推出的一款网页浏览器。Internet Explore 是目前网络中使用最广泛的网页浏览器，是＿＿＿＿＿＿＿＿组成的一部分。

5. IE 浏览器主要由地址栏、＿＿＿＿＿＿＿＿、菜单栏、＿＿＿＿＿＿＿＿、选项卡、＿＿＿＿＿＿＿＿、状态栏、＿＿＿＿＿＿＿＿等部分组成。

二、判断题

1. 菜单栏由文件、编辑、查看、收藏夹、工具、帮助 6 组菜单组成，使用这些菜单功能可对浏览器进行设置。（　　）

2. 滚动条包括垂直滚动条和水平滚动条，使用鼠标单击并拖动垂直或水平滚动条，可以浏览全部的网页。（　　）

3. 网页浏览区是 IE 浏览器工作界面中最大的显示区域，用于显示当前网页内容。（　　）

4. 超链接是一种对象，它以特殊编码的文本或图形的形式实现链接。如果单击该链接，则相当于指示浏览器移至同一网页内的某个位置，或打开一个新的网页。（　　）

5. 目前互联网中有很多网站都提供搜索引擎，供用户付费使用。搜索引擎是以一定的运算模式将互联网中的信息进行处理，然后把搜索的信息显示给用户的工具。（　　）

三、思考题

1. 如何设置浏览器安全级别？

2. 如何保存网页上的超链接？

新起点
电脑教程

第12章

上网聊天与通信

本章要点

- 安装麦克风与摄像头
- 使用 QQ 软件网上聊天前的准备
- 使用 QQ 软件与好友聊天
- 使用 YY 语音视频聊天室
- 收发电子邮件

本章主要内容

　　本章主要介绍了安装麦克风与摄像头、使用 QQ 软件网上聊天前的准备、使用 QQ 软件与好友聊天、使用 YY 语音视频聊天室方面的知识与技巧。同时，还讲解了收发电子邮件的方法。在本章的最后还针对实际的工作需求，讲解了删除电子邮件、使用 YY 软件进行频道内聊天和私聊、加入 QQ 群的方法。通过本章的学习，读者可以掌握网上聊天与通信方面的知识，为深入学习电脑知识奠定基础。

12.1 安装麦克风与摄像头

通过聊天软件除了可以用文字进行聊天外，还可以使用语音和视频进行聊天。本节将详细介绍使用语音视频聊天的相关知识及方法。

12.1.1 语音视频聊天硬件设备

通过聊天软件使用语音视频进行聊天，首先需要安装一定的语音视频设备。下面介绍语音视频聊天室使用的相关设备，用户可以根据自己的需要进行选择性地安装。

1. 麦克风

麦克风，也称传声器或话筒等，是声音的输入设备，通过麦克风可以将声音传输给对方。如图 12-1、图 12-2 和图 12-3 所示为常见的几种麦克风。

图 12-1　　　　　　　图 12-2　　　　　　　图 12-3

2. 耳麦

耳麦是耳机和与麦克风的集合体，通常情况下耳麦是单声道的。耳麦既可以进行声音的输入又可以进行声音的输出。如图 12-4、图 12-5 和图 12-6 所示为常见的几种耳麦。

图 12-4　　　　　　　图 12-5　　　　　　　图 12-6

3. 摄像头

摄像头又称电脑相机或电脑眼等，是视频影像输入设备。如图 12-7、图 12-8 和图 12-9 所示为常见的几种摄像头。

图 12-7　　　　　　图 12-8　　　　　　图 12-9

12.1.2　安装及调试麦克风

麦克风作为声音的输入设备是进行语音聊天时必不可少的硬件设备。通过麦克风可以将自己的声音传输给对方，从而达到语音聊天的目的。下面将详细介绍安装及调试麦克风的方法。

第1步　将麦克风的插头插入主机箱的语音输入接口，如图 12-10 所示。

第2步　在 Windows 7 系统桌面上，**1.** 单击桌面右下角的【开始】按钮，**2.** 在弹出的开始菜单中选择【控制面板】菜单项，如图 12-11 所示。

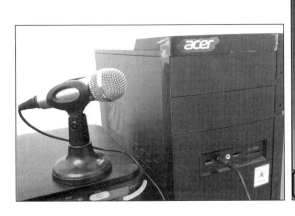 

图 12-10　　　　　　　　　　　图 12-11

第3步　打开【控制面板】窗口，在【查看方式】区域处，选择【大图标】选项，单击【声音】链接，如图 12-12 所示。

第4步　弹出【声音】对话框，**1.** 选择【录制】选项卡，**2.** 选择【麦克风】选项，**3.** 单击【属性】按钮，如图 12-13 所示。

第5步　弹出【麦克风 属性】对话框，**1.** 选择【级别】选项卡，**2.** 设置麦克风的音量，调节【麦克风加强】滑块到适合的大小，**3.** 单击【确定】按钮，如图 12-14 所示。

第6步　返回到【声音】对话框，**1.** 选择【播放】选项卡，**2.** 选择【扬声器】选项，**3.** 单击【属性】按钮，如图 12-15 所示。

图 12-12

图 12-13

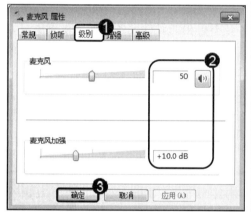

图 12-14

图 12-15

第7步 弹出【扬声器 属性】对话框，**1.** 选择【级别】选项卡，当麦克风在机箱后面时，调节 Front Pink In 音量就能控制自己听到的麦克风声音大小，**2.** 单击【确定】按钮。通过以上步骤即可完成安装及调试麦克风的操作，如图 12-16 所示。

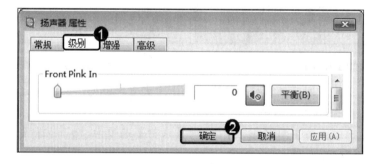

图 12-16

12.1.3 安装摄像头

摄像头是一种数字视频输入设备，是电脑的一个辅助的硬件设备，有了它，用户可以

238

与好友进行视频聊天。

安装摄像头的方法非常简单，现在的摄像头一般是免驱动，用户只需取出摄像头，然后将摄像头的 USB 接口插到电脑中的 USB 接口中即可，如图 12-17 所示。如果长期使用，建议插在主机的后面板上。

图 12-17

12.2　使用 QQ 软件聊天前的准备

QQ 软件是腾讯公司推出的一款即时通信软件，使用它可以与亲朋好友进行网络聊天。本节将介绍使用腾讯 QQ 上网聊天方面的知识，包括如何申请 QQ 号码、登录 QQ、查找与添加好友、与好友进行文字聊天和给好友发送文件等内容。

12.2.1　下载与安装 QQ 软件

在使用 QQ 软件进行通信前，首先应下载并安装 QQ 软件。下面将详细介绍下载与安装 QQ 软件的操作方法。

1. 下载 QQ 软件

目前，许多网站提供了 QQ 软件的下载服务，QQ 官方网站的 QQ 版本比较齐全。下面将介绍通过 QQ 官方网站下载 QQ 软件的操作方法。

第 1 步　启动 IE 浏览器，打开 QQ 官网下载页面，在该页面中单击【QQ PC 版】中的【立即下载】按钮，如图 12-18 所示。

第 2 步　进入 QQ 7.8 下载页面，单击【立即下载】按钮，如图 12-19 所示。

第 3 步　弹出程序对话框，单击【保存】按钮，如图 12-20 所示。

第 4 步　对话框提示程序已下载完成，如图 12-21 所示。

2. 安装 QQ 软件

下载完 QQ 软件后就可以安装 QQ 程序了。下面介绍安装 QQ 软件的操作方法。

图 12-18

图 12-19

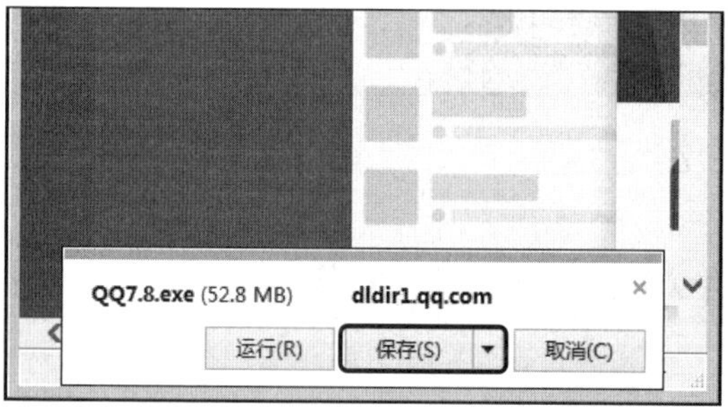

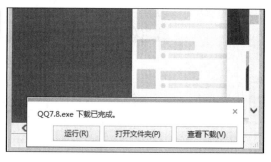

图 12-20

图 12-21

第1步 找到下载的 QQ 软件安装程序所在文件夹，双击程序图标打开 QQ 程序，如图 12-22 所示。

第2步 系统会弹出【打开文件-安全警告】对话框，单击【立即安装】按钮，如图 12-23 所示。

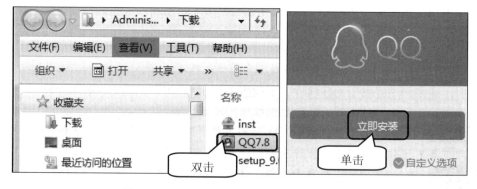

图 12-22

图 12-23

第3步 进入安装完成界面，单击【完成安装】按钮即可完成 QQ 程序的安装，如图 12-24 所示。

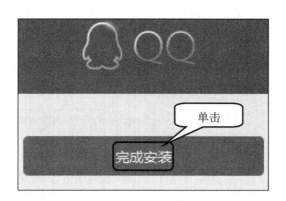

图 12-24

12.2.2　申请 QQ 号码

在使用 QQ 软件进行网上聊天前，需要申请个人 QQ 号码，通过这个号码可以拥有个人在网络上的身份，从而使用 QQ 聊天软件与好友进行网上聊天。下面具体介绍申请 QQ 号码的操作方法。

第 1 步　启动 QQ 程序，进入 QQ 登录界面，单击【注册账号】[①]超链接，如图 12-25 所示。

第 2 步　程序会自动启动浏览器并打开 QQ 注册网页，在【注册账号】区域下方，分别填写昵称、密码、性别和生日等注册信息，如图 12-26 所示。

图 12-25

图 12-26

第 3 步　填写验证码信息，**1.** 将下面的两个复选框全部选中，**2.** 单击【提交注册】按钮，如图 12-27 所示。

第 4 步　进入下一页面，**1.** 在【手机号码】文本框中输入用于短信验证的手机号，**2.** 单击【下一步】按钮，如图 12-28 所示。

———————————

① 本书讲解使用的 QQ 软件中"帐"为错别字(见图 12-25)。由于图片来自软件截图，图中文字不可更改，所以以图片保留原貌，但相应的叙述文字本书采用正确的"账"字。其他类似问题，同样如此处理，特此说明。

图 12-27

图 12-28

第5步 进入下一页面，用户需要根据页面中的提示，使用刚刚输入的手机号，发送短信完成验证，完成发送短信后，单击【验证获取 QQ 号码】按钮，如图 12-29 所示。

第6步 进入下一页面，提示用户申请成功，并显示申请的 QQ 号码，这样即可完成申请 QQ 号码的操作，如图 12-30 所示。

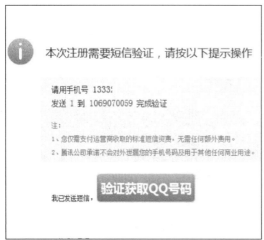

图 12-29

图 12-30

12.2.3 设置密码安全

新申请的 QQ 如果不设置密码保护，一旦 QQ 密码丢失，找回 QQ 密码将会比较困难。下面将详细介绍设置密码安全的相关操作方法。

第1步 启动浏览器，打开 QQ 安全中心网页，*1.* 在文本框中输入准备申请密保的 QQ 号码和密码以及验证码，*2.* 单击【登录】按钮，如图 12-31 所示。

第2步 进入下一页面，*1.* 选择【密保工具】选项卡，*2.* 在弹出的下拉列表框中选择【密保问题】选项，*3.* 单击【立即设置】按钮，如图 12-32 所示。

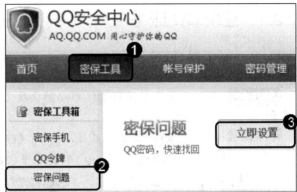

图 12-31　　　　　　　　　　　　　　　图 12-32

第 3 步　弹出【设置密保问题】对话框，**1.** 将系统发送给手机中的验证码填写到文本框中，**2.** 单击【验证】按钮，如图 12-33 所示。

第 4 步　进入【填写密保问题】页面，分别填写三个密码保护问题和答案，如图 12-34 所示。

图 12-33　　　　　　　　　　　　　　　图 12-34

第 5 步　进入下一页面，提示用户密保问题已成功设置，这样即可完成设置密码安全的操作，如图 12-35 所示。

图 12-35

12.2.4 登录 QQ 账号

申请完成并获得 QQ 账号后，使用此账号即可登录 QQ 聊天软件。下面将详细介绍登录 QQ 的操作方法。

第1步 在电脑桌面中找到 QQ 程序的快捷方式，双击【腾讯 QQ】快捷方式图标，如图 12-36 所示。

第2步 弹出【QQ 登录】对话框，**1.** 在【账号】下拉列表框中，输入 QQ 号码，在【密码】文本框中，输入 QQ 密码，**2.** 单击【登录】按钮，如图 12-37 所示。

图 12-36   图 12-37

第3步 登录成功后，系统会进入 QQ 程序的主界面，通过以上步骤即可完成登录 QQ 的操作，如图 12-38 所示。

图 12-38

12.2.5 查找与添加好友

通过 QQ 聊天软件可以与远在千里的亲友或网友进行聊天，但在进行聊天前，需要添加 QQ 好友。下面详细介绍添加好友的操作方法。

第1步 进入 QQ 程序的主界面，单击下方的【查找】按钮，如图 12-39 所示。

第2步 弹出【查找】对话框，**1.** 在文本框中输入好友的 QQ 号码，**2.** 单击【查找】按钮，弹出查找到的账户，**3.** 单击【+好友】按钮，如图 12-40 所示。

图 12-39　　　　　　　　　　　　　　　图 12-40

第3步 弹出【添加好友】对话框，**1.** 在【请输入验证信息】文本框中输入请求添加的验证信息，**2.** 单击【下一步】按钮，如图 12-41 所示。

第4步 在【备注姓名】文本框中输入准备使用的备注名称，**1.** 在【分组】下拉列表框中选择准备添加到的分组选项，**2.** 单击【下一步】按钮，如图 12-42 所示。

图 12-41　　　　　　　　　　　　　　　图 12-42

第5步 此时系统会提示"您的好友添加请求已经发送成功，正在等待对方确认"信息，单击【完成】按钮即可完成添加好友的操作，如图 12-43 所示。

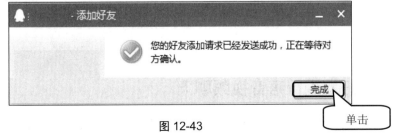

图 12-43

12.3　使用 QQ 软件与好友聊天

　　进行完前期的安装 QQ 软件、申请 QQ 账号和登录 QQ 等准备工作后，即可使用 QQ 与好友进行畅快地网上聊天。本节将详细介绍使用 QQ 与好友进行聊天的操作。

12.3.1　与好友进行文字聊天

　　使用 QQ 聊天的常用方式是文字聊天，下面介绍与好友进行文字聊天的方法。

第 1 步　打开 QQ 程序主界面，双击准备进行聊天的 QQ 好友头像，如图 12-44 所示。

第 2 步　打开与该好友的聊天窗口，**1.** 在【发送信息】文本框中输入文本信息，**2.** 单击【发送】按钮，如图 12-45 所示。

图 12-44

图 12-45

第 3 步　通过以上步骤即可完成与好友进行文字聊天的操作，如图 12-46 所示。

图 12-46

12.3.2　与好友进行语音视频聊天

　　除了使用文字在 QQ 上进行交流外，还可以通过语音或视频进行聊天。下面介绍使用

QQ 语音和视频进行聊天的操作方法。

第1步 打开与该好友的聊天窗口，单击【开始语音通话】按钮，如图 12-47 所示。

第2步 在聊天窗口右侧弹出语音聊天窗格，显示等待对方接受邀请状态，如图 12-48 所示。

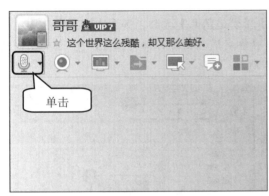

图 12-47

图 12-48

第3步 对方接受邀请后，即可建立语音聊天连接，通过麦克风说话，双方就可以进行语音聊天了，如图 12-49 所示。

第4步 打开与该好友的聊天窗口，单击【开始视频通话】按钮，如图 12-50 所示。

图 12-49

图 12-50

第5步 弹出视频聊天窗格，显示正在呼叫状态，如图 12-51 所示。

第6步 好友接受邀请后，即可开始进行视频聊天，如图 12-52 所示。

图 12-51

图 12-52

12.3.3　使用 QQ 软件向好友发送图片

使用 QQ 软件还可以向好友发送图片和文件等资料。下面详细介绍向好友发送图片的操作方法。

第 1 步　打开与该好友的聊天窗口，单击【发送图片】按钮，如图 12-53 所示。

第 2 步　弹出【打开】对话框，**1.** 选择准备发送的图片存储的位置，**2.** 选中准备发送的图片，**3.** 单击【打开】按钮，如图 12-54 所示。

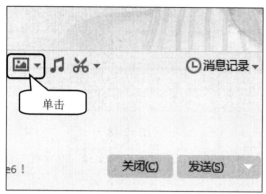

图 12-53

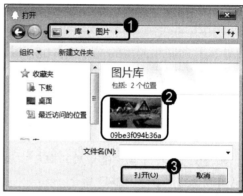

图 12-54

第 3 步　返回到聊天窗口，在【发送消息】文本框中显示准备进行发送的图片，单击【发送】按钮，如图 12-55 所示。

第 4 步　当图片发送至聊天窗口中的【接收消息】文本框中，即可完成向好友发送图片的操作，如图 12-56 所示。

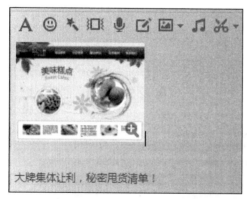

图 12-55

图 12-56

12.4　使用 YY 语音视频聊天室

YY 语音是欢聚时代公司旗下的一款通信软件，基于 Internet 的团队语音通信平台，功能强大、音质清晰、安全稳定、不占资源，是反响良好的免费语音软件。本节将详细介绍有关使用 YY 语音的相关知识及操作方法。

12.4.1　注册 YY 账号与登录

使用 YY 软件的前提是需要注册一个 YY 账号并进行登录。下面详细介绍注册 YY 账号号和登录 YY 程序的操作方法。

第 1 步　启动 YY 软件，进入登录界面，单击左下方的【注册账号】[①]链接项，如图 12-57 所示。

第 2 步　弹出【YY 注册】对话框，选择【账号注册】选项卡，**1.** 填写需要注册的信息，如账号、密码和验证码，**2.** 单击【同意并注册账号】按钮，如图 12-58 所示。

图 12-57

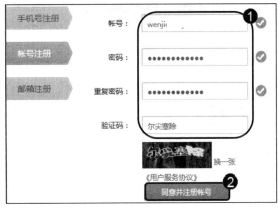

图 12-58

第 3 步　进入【注册账号】页面，系统会提示"注册成功！"信息，并显示注册的 YY 号和账号等信息，这样即可完成 YY 账号的注册，如图 12-59 所示。

第 4 步　重新打开 YY 登录界面，**1.** 输入刚刚注册的账号信息，输入用户密码，**2.** 单击【登陆】按钮即可完成登录 YY 账号的操作，如图 12-60 所示。

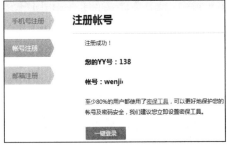

图 12-59

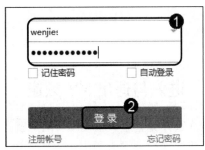

图 12-60

---

① 本书讲解所用的 YY 软件中"账"为错别字(见图 12-60)。由于图片来自软件截图，图中文字不可更改，所以图片保留原貌，但对相应的叙述文字，本书采用正确的"账"字。其他类似问题，同样如此处理，特此说明。

12.4.2　编辑个人资料

登录 YY 程序后，由于新注册的账号，个人资料并不完善，需要用户进行补充编辑，以便让大家更好地认识和了解自己。下面将介绍编辑个人资料的方法。

第 1 步　进入 YY 程序的主界面，单击程序左上方的头像按钮，如图 12-61 所示。

第 2 步　系统会弹出一个【资料】对话框，单击【编辑资料】按钮，如图 12-62 所示。

图 12-61

图 12-62

第 3 步　此时该对话框中的资料信息都变为可编辑状态。编辑个人的一些详细资料信息，如昵称、个性签名、性别、年龄、生日、所在地等，输入个人说明，单击【保存】按钮即可完成编辑个人资料的操作，如图 12-63 所示。

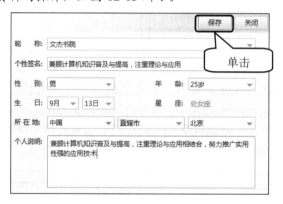

图 12-63

12.4.3　进入与退出 YY 频道

登录 YY 并完善个人资料后，用户就可以进入一个自己喜欢的 YY 频道，进行语音交流了。下面将详细介绍进入与退出 YY 频道的操作方法。

第 1 步　在 YY 主界面中，选择【应用】选项卡，系统会打开一个应用列表，用户可以在这里选择准备进入的应用，如选择"频道排行"，如图 12-64 所示。

第 2 步　弹出一个显示 YY 频道列表的界面，**1.** 选择【排行榜】选项卡，**2.** 在展开的频道列表中选择准备进入的 YY 频道，如单击【教育热门】区域下方的一个频道，如图 12-65 所示。

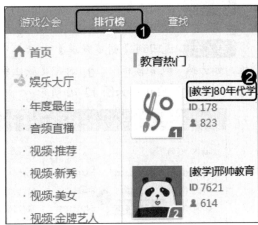

图 12-64　　　　　　　　　　　　　　图 12-65

第3步 待与该频道建立连接后，即可进入该频道，与频道中的人进行语音交流，如图 12-66 所示。

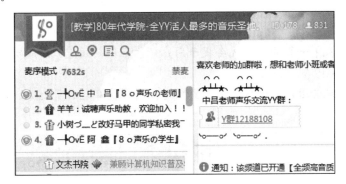

图 12-66

12.4.4　创建自己的 YY 频道

任何拥有 YY 账号的用户都可创建自己的频道，下面介绍创建 YY 频道的方法。

第1步 在主界面左下方，单击【系统菜单】按钮，在弹出的系统菜单中，选择【创建频道】菜单项，如图 12-67 所示。

第2步 弹出【创建频道】对话框，在【频道名称】文本框中输入建立频道要使用的名称，单击【自主选号】按钮，如图 12-68 所示。

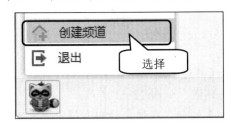

图 12-67　　　　　　　　　　　　　　图 12-68

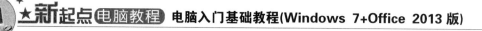

第3步 弹出【自主选号】对话框，**1.** 用户可以在号码列表中选择准备应用的频道号码，**2.** 单击【确定】按钮，如图 12-69 所示。

第4步 返回到【创建频道】对话框中，**1.** 设置频道类别，**2.** 选择频道准备应用的模板，如选择"教育模板"，**3.** 选中【我已经认真阅读并同意《服务协议》】复选框，**4.** 单击【立即创建】按钮，如图 12-70 所示。

图 12-69

图 12-70

第5步 进入下一页面，系统会提示用户"恭喜你，频道创建成功！"，单击【进入频道】按钮，如图 12-71 所示。

第6步 系统会进入刚刚创建的 YY 频道，这样就可完成了创建一个自己的 YY 频道的操作，如图 12-72 所示。

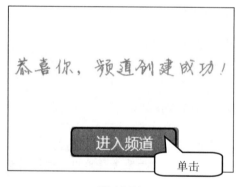

图 12-71

图 12-72

12.4.5 查看我的频道并且换频道模板

完成创建频道后，用户还可以查看并进入自己所创建的 YY 频道，同时也可以对频道的模板进行切换。下面将详细介绍其操作方法。

第1步 在 YY 程序主界面中，**1.** 选择【频道】选项卡，**2.** 单击【我的频道】下拉箭头，**3.** 在展开的频道列表中双击准备进入的频道，如图 12-73 所示。

第2步 进入频道界面，单击【频道模板】按钮，在弹出的列表框中选择准备切换的频道模板，如选择【教育模板】选项，如图 12-74 所示。

图 12-73　　　　　　　　　　　　　　　　图 12-74

第3步　弹出【提示】对话框，提示用户切换模板会强制停止频道内所有用户的操作，单击【是】按钮，如图 12-75 所示。

第4步　返回到频道窗口，可以看到自己所创建的频道已变为【教育模板】的频道。通过以上步骤即可完成查看我的频道并切换频道模板的操作，如图 12-76 所示。

图 12-75　　　　　　　　　　　　　　　　图 12-76

12.5　收发电子邮件

电子邮件是英文 E-mail 的中文名，是一种使用电子手段提供信息交换的通信方式。在互联网中，使用电子邮件可以与世界各地的朋友进行通信交流。本节将介绍上网收发电子邮件方面的知识。

12.5.1　申请电子邮箱

使用电子邮箱前应申请电子邮箱。申请电子邮箱的方法非常简单。下面以申请网易电子邮箱为例介绍其申请方法。

第1步　启动 IE 浏览器，进入网易主页，单击【注册免费邮箱】超链接，如图 12-77 所示。

第2步　进入【创建新用户】界面，**1.** 在【用户名】文本框中输入用户名，**2.** 输入并确认用户密码，如图 12-78 所示。

图 12-77

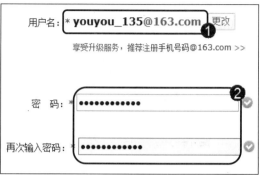

图 12-78

第3步 进入注册新用户网页，**1.** 在【安全信息设置】区域设置密码保护问题、问题答案、性别、出生日期等信息，**2.** 在【注册检验】区域输入验证字符，**3.** 选中【我已阅读并接受"服务条款"】复选框，**4.** 单击【创建账号】①按钮，如图 12-79 所示。

第4步 进入注册成功界面，在【恭喜您注册成功】区域中显示注册成功的账号，完成申请电子邮件的操作，如图 12-80 所示。

图 12-79

图 12-80

12.5.2 撰写电子邮件

如果知道亲友的电子邮箱地址，在自己的电子邮箱中撰写电子邮件后即可给亲友发送电子邮件，从而与亲友保持联系，下面介绍撰写并发送电子邮件的操作方法。

第1步 登录电子邮件，单击【写信】按钮，如图 12-81 所示。

第2步 在写信界面中，**1.** 在【收件人】文本框中输入收件人的电子邮箱地址，**2.** 在【主题】文本框中输入邮件主题，**3.** 在【内容】文本框中输入邮件内容，**4.** 单击【发送】按钮，如图 12-82 所示。

---

① 本步骤中网易邮箱的注册页面中"账号"一词的"账"使用的是错别字"帐"。由于图片来自网页截图，图中文字不可更改，所以图片保持原貌，但相应的叙述文字，本书采用正确的"账"字，特此说明。

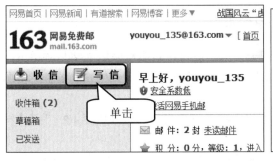

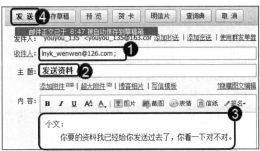

图 12-81   图 12-82

第3步 进入【邮件发送成功】界面，通过上述操作即可完成发送电子邮件的操作，如图 12-83 所示。

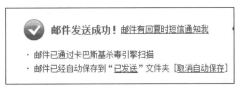

图 12-83

12.6 实践案例与上机指导

通过本章的学习，读者基本可以掌握上网聊天与通信的基本知识以及一些常见的操作方法。下面通过练习，以达到巩固学习、拓展提高的目的。

12.6.1 删除电子邮件

电子邮箱中的电子邮件不准备使用了，可以将其删除，从而节省邮箱空间。下面介绍删除电子邮件的操作方法。

第1步 登录电子邮箱，1. 在【收件箱】中选中准备删除的邮件复选框，2. 单击【删除】按钮，如图 12-84 所示。

第2步 通过上述操作即可删除电子邮件，如图 12-85 所示。

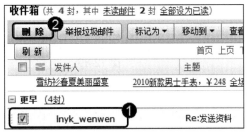

图 12-84   图 12-85

12.6.2 使用 YY 进行频道内聊天和私聊

进入 YY 频道之后，如果频道允许文字聊天，用户就可以自由地使用文字与频道里面的其他用户进行聊天了。在频道内，除了可以公屏聊天以外，也可以一对一地私聊。下面将详细介绍其操作方法。

第1步 进入频道后，**1.** 在右下方的文本框中输入准备发送的聊天内容，**2.** 单击【发送】按钮↵，即可完成频道内聊天的操作，如图 12-86 所示。

第2步 进入频道后，使用鼠标右键单击准备进行私聊的人的名字，在弹出的快捷菜单中，选择【发送私聊】菜单项，如图 12-87 所示。

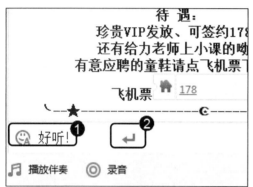

图 12-86

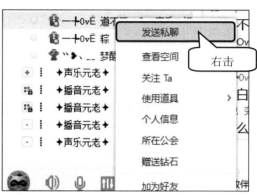

图 12-87

第3步 在频道窗口右下角会弹出一个私聊窗口，**1.** 在文本框中输入准备聊天的内容，**2.** 单击【发送】按钮↵，如图 12-88 所示。

第4步 此时可以看到对某个用户进行私聊后，聊天内容会有一个背景色衬托，并显示与谁进行私聊。这样即可完成频道内私聊的操作，如图 12-89 所示。

图 12-88

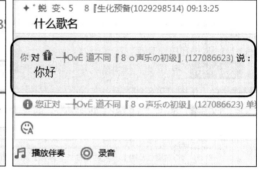

图 12-89

12.6.3 加入 QQ 群

QQ 群是腾讯公司推出的多人聊天交流的一个公众平台，群主在创建群以后，可以邀请朋友或者有共同兴趣爱好的人到同一个群内聊天。在群内除了聊天，腾讯还提供了群空间服务，在群空间中，用户可以使用群、相册、共享文件、群视频等方式进行交流。用户可以查找有共同兴趣爱好的群加入，和群内 QQ 用户一起聊天。下面具体介绍加入 QQ 群的操作方法。

第1步 启动并登录 QQ 程序，进入主界面，**1.** 单击【群/讨论组】按钮，**2.** 选择【QQ 群】选项卡，**3.** 在文本框中输入准备添加的 QQ 群号码，**4.** 单击【找群】按钮，如图 12-90 所示。

第2步 系统会根据所输入的群号码自动搜索到群，单击【加群】按钮，如图 12-91 所示。

图 12-90

图 12-91

第3步 弹出【添加群】对话框，**1.** 在文本框中输入验证加群的信息，**2.** 单击【下一步】按钮，如图 12-92 所示。

第4步 【添加群】对话框中会提示用户"您的加群请求已发送成功，请等候群主/管理员验证"信息，单击【完成】按钮，如图 12-93 所示。

图 12-92

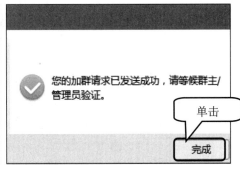

图 12-93

12.7　思考与练习

一、填空题

1. 麦克风，也称_____或_____等，是声音的输入设备，通过麦克风可以将声音传输给对方。_____是耳机和与麦克风的集合体,通常情况下耳麦是单声道的。耳麦既可以_____又可以_____。

2. 摄像头又称_____或_____等,是视频影像输入设备。通过摄像头任何人都可以在网中轻松地进行视频聊天。

3. 麦克风作为声音的_____是进行语音聊天时必不可少的硬件设备。通过麦克风可以将自己的声音传输给对方,从而达到语音聊天的目的。

4. 电子邮件是英文_____的中文名,是一种使用电子手段提供信息交换的通信方式。在互联网中,使用电子邮件可以与世界各地的朋友进行通信交流。

二、判断题

1. 摄像头是一种数字视频输入设备,是电脑的一个辅助的硬件设备,有了它,用户可与好友进行视频聊天。   (   )

2. QQ 软件是腾讯公司推出的一款即时通信软件,使用 QQ 可以与亲朋好友进行网络聊天。   (   )

3. YY 语音是欢聚时代公司旗下的一款通信软件,基于 Internet 的团队语音通信平台,功能强大、音质清晰、安全稳定、不占资源,是反响良好的免费语音软件。   (   )

4. 完成创建 YY 频道后,用户还可以查看并进入自己所创建的 YY 频道,同时也可以对频道的模板进行切换。   (   )

5. 聊天软件除了可以用文字进行聊天外,还可以使用语音和视频进行聊天。   (   )

三、思考题

1. 如何删除电子邮件?

2. 如何加入 QQ 群?

新起点 电脑教程

第13章

常用的电脑工具软件

本章要点

- 看图软件——ACDSee
- 酷狗音乐
- 暴风影音
- 压缩软件——WinRAR
- 下载软件

本章主要内容

本章主要介绍了 ACDSee 看图软件、酷狗音乐和暴风影音方面的知识与技巧。同时，还讲解了如何使用压缩软件 WinRAR 和下载软件。在本章最后还针对实际的工作需求，将各个软件的使用方法一一做了介绍，并附有详细的操作步骤。通过本章学习，读者可以掌握 Windows 系统中常用工具软件，并在后面的实际案例与上机操作中进一步掌握各软件的使用方法。

13.1 看图软件——ACDSee

ACDSee 是一款功能强大的看图软件，拥有良好的操作界面，简单、人性化的操作方式，支持多种图形格式，是使用最广泛的看图工具软件。本节将介绍使用 ACDSee 软件的有关操作方法。

13.1.1 使用 ACDSee 看图软件浏览图片

使用 ACDSee 看图软件，不仅可以快速浏览电脑中的图片，还可以对图片进行放大或缩小操作。下面介绍使用 ACDSee 看图软件浏览图片的操作方法。

第 1 步 在 Windows 7 系统桌面上，**1.** 单击【开始】按钮，**2.** 单击【所有程序】菜单项，如图 13-1 所示。

第 2 步 在打开的【所有程序】菜单中，选择 ACDSee 18 菜单项，如图 13-2 所示。

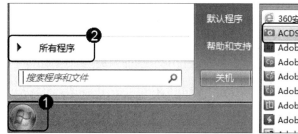

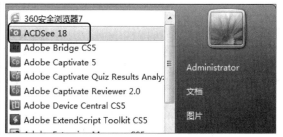

图 13-1   图 13-2

第 3 步 启动 ACDSee 18 应用程序，**1.** 在左侧文件夹任务窗格，展开文件夹【图片】的目录，**2.** 在【缩略图】任务窗格中双击准备浏览的图片，如图 13-3 所示。

第 4 步 打开图片预览窗口，**1.** 单击 上一个 或 下一个 按钮，浏览前一张或后一张图片，**2.** 拖动【放大/缩小】按钮，对图片进行放大或缩小操作，如图 13-4 所示。

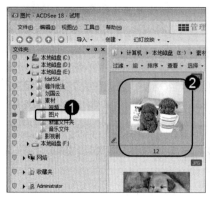

图 13-3   图 13-4

知识精讲

ACDSee 软件拥有快速查看功能，用鼠标右键单击图片，在弹出的下拉菜单中选择 ACDSee 打开方式即可快速浏览图片。图片的放大与缩小可以通过【放大镜】按钮来实现：鼠标左键单击是放大，右键单击是缩小。

13.1.2　使用 ACDSee 编辑图片

ACDSee 不仅看图功能强大，而且对图片的编辑处理也非常方便。下面以调整图片的亮度为例，介绍使用 ACDSee 软件处理图片的具体操作方法。

第1步　启动 ACDSee 18 应用程序，打开准备调整亮度的图片，单击窗口右上角的【编辑】按钮，进入编辑模式菜单项，如图 13-5 所示。

第2步　展开【编辑面板:曝光/光线】按钮，打开【光线】任务窗格。*1.* 设置【数量】参数，*2.* 单击【完成】按钮，如图 13-6 所示。

图 13-5

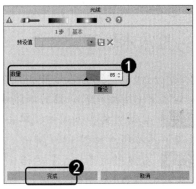

图 13-6

第3步　返回【编辑面板:曝光/光线】任务窗格，*1.* 单击【保存】按钮保存更改的图像，*2.* 单击【完成】按钮，如图 13-7 所示。

第4步　调整完亮度的图片效果，如图 13-8 所示。

图 13-7

图 13-8

知识精讲

　　ACDSee 中完成编辑图像单击【保存】按钮时，会出现三个选项：保存、另存为、保存副本。需要保留原始图像单击【另存为】或【保存副本】选项，不需要保留原图则单击【保存】选项，读者可以根据需要选择。ACDSee 软件的编辑功能非常强大，除了常用的旋转、放大、缩小和修剪功能外，还可以为图片添加文字、边框以及特殊效果等。

13.2　酷　狗　音　乐

　　酷狗音乐是一款应用广泛的音乐播放器，集播放、音效、格式转换、歌词等众多功能于一身，拥有良好的音乐效果和丰富的网络音乐资源，操作简单是酷狗音乐吸引用户的原因。本节将介绍酷狗音乐软件的操作方法。

13.2.1　播放本地声音文件

　　大多数用户使用酷狗音乐是冲着其在线音乐功能，其实酷狗也可以播放电脑中的音乐。下面来介绍如何使用酷狗音乐播放电脑中的声音文件。

　　第 1 步 启动酷狗音乐软件，单击【本地列表】菜单项，选择【默认列表】下的【添加本地歌曲】链接项，如图 13-9 所示。

　　第 2 步 在弹出的【打开】对话框中，**1.** 选择歌曲文件"贝多芬-欢乐颂"，**2.** 单击【打开】按钮，如图 13-10 所示。

图 13-9

图 13-10

　　第 3 步 打开的歌曲文件显示在【默认列表】中，单击窗口底部【播放】按钮 ▶ 开始播放音乐，如图 13-11 所示。

图 13-11

智慧锦囊

　　在不启动酷狗音乐软件的情况下，右键单击声音文件，在弹出的下拉菜单中选择【使用 酷狗音乐播放器 播放】选项，酷狗音乐就会直接启动并播放该声音文件。

13.2.2　播放网上音乐

　　作为一款拥有非常丰富网络资源的音乐播放器，酷狗音乐软件播放在线音乐的功能非常强大。本节将介绍酷狗音乐的在线播放功能。

第 1 步　启动酷狗音乐软件，*1.* 单击【乐库】选项卡，*2.* 选择【排行榜】菜单项，*3.* 单击准备播放的歌曲超链接，如图 13-12 所示。

第 2 步　选中的歌曲被添加到【默认列表】中并开始播放，如图 13-13 所示。

图 13-12

图 13-13

知识精讲

　　酷狗音乐还有几个其他常用功能按钮。如【下载】按钮，用于下载歌曲；【列表循环】按钮，用于选择歌曲自动播放的顺序；【声音】按钮，用于调节歌曲音量大小。利用酷狗音乐的控制按钮可以控制音乐的播放：单击【暂停】按钮即可暂停当前播放的音乐文件；单击【上一首】或【下一首】按钮即可在两首音乐文件之间进行切换。

13.2.3　搜索歌词

　　酷狗音乐软件拥有歌词同步显示功能，即在播放歌曲的同时歌词也同步显示。下面以搜索歌曲《小苹果》的歌词为例，介绍使用酷狗音乐搜索歌词的方法。

　　第1步　启动酷狗音乐软件，将要搜索歌词的歌曲《小苹果》添加到【默认列表】中，如图 13-14 所示。

　　第2步　开始播放歌曲，单击【歌词】选项卡即可搜索到当前曲目的歌词，如图 13-15 所示。

图 13-14

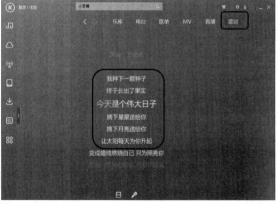

图 13-15

知识精讲

　　酷狗音乐在下载歌曲时，歌词是伴随着歌曲自动下载的，下载完的歌词存放在 Lyric 文件夹中。查看歌词操作方法：右键单击歌曲，在弹出的快捷菜单中选择【打开文件所在目录】，在弹出的对话框中选择 Lyric 文件夹，即可看到下载的歌词。

13.2.4　创建播放列表

　　用户听音乐时如果想把不同风格的音乐单独播放，可使用酷狗音乐的创建播放列表功能，将不同风格的音乐分别放在相对应的播放列表中。下面介绍在酷狗音乐中创建播放列表的操作方法。

　　第1步　启动酷狗音乐软件，*1.* 单击【列表】按钮，*2.* 在弹出的下拉菜单中选择【新建列表】菜单项，如图 13-16 所示。

　　第2步　新建一个播放列表，将播放列表重命名，如"喜欢听"，按 Enter 键即可完成创建播放列表的操作，如图 13-17 所示。

图 13-16

图 13-17

　智慧锦囊

　　在实际的操作中如果只听音乐，可以将酷狗音乐的桌面歌词功能词打开，关掉主界面，让酷狗音乐最小化运行，需要恢复时将鼠标指针移动到显示的歌词上，单击酷狗音乐图标就会回到酷狗音乐的主界面。

13.3　暴风影音

　　暴风影音是一款万能的视频播放软件。该播放器兼容大多数的视频和音频格式，不仅可以播放本地磁盘的视频和音频文件，还可以通过其强大的网络资源在线收看用户喜欢的影视剧、热播电影以及各种综艺节目等。本节将讲解暴风影音的操作方法。

13.3.1　播放电脑中的影视剧

　　暴风影音支持多数视频文件格式，用户可以使用暴风影音观看自己喜欢的电视剧、电影等。下面以影片《倒霉熊》为例，介绍如何使用暴风影音来播放电脑中的影视剧。

　　第1步　启动暴风影音软件，在播放显示区域单击【打开文件】按钮，如图 13-18 所示。

　　第2步　弹出【打开】对话框，*1.* 在【查找范围】列表框中选择视频文件存放的位置，如【本地磁盘(E:)】，*2.* 选中准备播放的视频文件，*3.* 单击【打开】按钮，如图 13-19

所示。

图 13-18   图 13-19

第3步 打开的视频文件在暴风影音中播放，如图 13-20 所示。

图 13-20

知识精讲

  双击选择需要播放的影片，同样能使用暴风影音播放器播放影片。右键单击要播放的影片，在弹出的快捷菜单中选择【使用暴风影音播放】菜单项，也可以播放影片。

  在 Windows 系统中自带的媒体播放器是 Windows Media Player。为满足日益升高的多媒体需求，更多的多媒体播放工具出现在网络上，用户可以使用这些视频播放软件观看影片。

13.3.2　在线收看影视剧

暴风影音软件的网络资源非常丰富，用户可以使用其在线影视功能观看热播的电视电影以及各类电视节目。下面介绍使用暴风影音在线观看影视剧的操作方法。

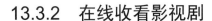 启动暴风影音软件，**1.** 单击【在线影视】选项卡，**2.** 单击【内地剧场】折叠按钮，如图 13-21 所示。

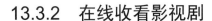 在展开的折叠列表中，选择要播放的电视剧节目，即可在线收看影视剧，如图 13-22 所示。

图 13-21

图 13-22

 **知识精讲**

使用暴风影音观看影片时，可以对影片的播放进行设置和调整。单击【播放】按钮▶观看影片；单击【暂停】■■按钮可暂停当前播放的影片；单击【全屏】按钮图影片全屏播放。

13.4　压缩软件——WinRAR

WinRAR 压缩软件是一款功能强大的压缩包管理软件，用于备份数据、缩减电子邮件附件的大小、解压缩从互联网中下载的压缩文件和新建压缩文件等。它的界面友好，使用方便。本节将介绍 WinRAR 压缩软件的使用方法。

13.4.1　压缩文件

WinRAR 压缩软件可以将电脑中保存的文件进行压缩，便于存储和传输。下面介绍压缩文件的操作方法。

第1步 打开准备压缩的文件夹位置，如"电影文件夹"，**1.** 使用鼠标右键单击【电影】文件夹图标，**2.** 在弹出的快捷菜单中选择 WinRAR 菜单项，**3.** 在展开的子菜单项中选择【添加到压缩文件】菜单项，如图 13-23 所示。

第2步 弹出【压缩文件名和参数】对话框，**1.** 确认压缩文件名正确，其他参数采用系统默认，**2.** 单击【确定】按钮，如图 13-24 所示。

图 13-23

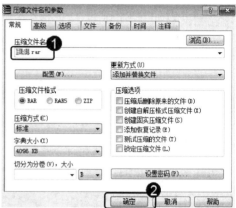

图 13-24

第3步 弹出【正在创建压缩文件 电影.rar】对话框，显示当前文件压缩的进度，如图 13-25 所示。

第4步 完成压缩文件的操作，压缩后的文件显示在【本地磁盘(E:)】中，如图 13-26 所示。

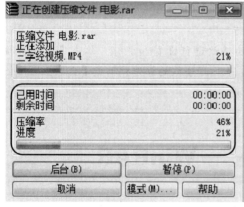

图 13-25

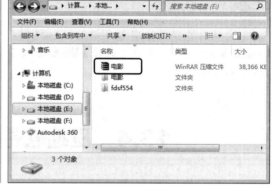

图 13-26

 知识精讲

WinRAR 是目前比较流行的压缩软件，具有强大的压缩文件修复功能，可以最大限度恢复损坏的 rar 和 zip 压缩文件中的数据。除了 WinRAR 压缩软件之外，还有 7-zip、2345 好压、360 压缩等国产压缩软件，操作起来也比较方便，但其功能相对较少。

13.4.2 设置解压缩密码

设置压缩文件解压密码，可以防止他人查看或修改压缩后的文件。下面介绍设置压缩文件密码的操作方法。

第1步 压缩文件时，在弹出的【压缩文件名和参数】对话框中，**1.** 选择【常规】选项卡，**2.** 单击【设置密码】按钮，如图 13-27 所示。

第2步 弹出【输入密码】对话框，**1.** 输入并确认密码，**2.** 单击【确定】按钮，完成设置文件解压缩密码操作，如图 13-28 所示。

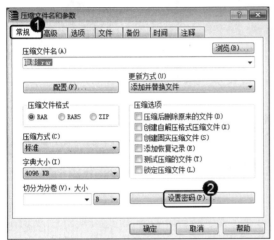

图 13-27

图 13-28

知识精讲

解压带有密码的压缩文件时，只要在弹出的解压文件对话框中输入解压密码即可。在 WinRAR 软件中，为了防止人为添加、删除压缩包文件等操作，这时就需要用到【锁定压缩文件】功能。双击进入压缩包文件，选择【常规】选项卡下的【锁定压缩文件】选项，就可以保持压缩包的原始状态。

13.4.3 解压缩文件

解压缩文件是指将压缩的文件恢复到压缩之前的样子，从而查看或编辑文件内容。下面介绍解压缩文件的操作方法。

第1步 打开准备解压缩的文件所在的文件夹，**1.** 使用鼠标右键单击压缩文件图标，**2.** 在弹出的快捷菜单中选择【解压文件】菜单项，如图 13-29 所示。

第2步 弹出【解压路径和选项】对话框，**1.** 选择【常规】选项卡，**2.** 在解压路径列表框中选择文件解压后存放的位置，**3.** 单击【确定】按钮，如图 13-30 所示。

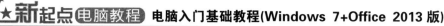

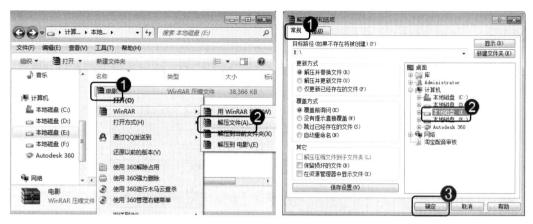

图 13-29   图 13-30

第3步 弹出【正在从电影.rar 中提取】对话框,显示解压缩文件的进度,如图 13-31 所示。

第4步 完成文件解压缩的操作,如图 13-32 所示。

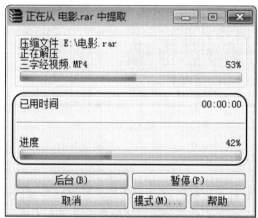

图 13-31

图 13-32

智慧锦囊

　　电脑中安装 WinRAR 软件后,右键单击准备压缩或解压缩的文件,在弹出的快捷菜单中选择【添加到压缩文件】菜单项或【解压文件】菜单项,也可弹出相应的对话框,从而进行压缩或解压缩文件操作。

13.5　下 载 软 件

　　下载软件就是通过各种网络协议将互联网上的视频、图片等信息保存到本地电脑上。

目前比较流行的下载软件有迅雷和 FlashGet，本节将介绍这两款下载软件的使用方法。

13.5.1　使用迅雷

　　"迅雷"已经成为目前网络上应用最为广泛的下载软件之一，它不仅下载速度快，而且操作非常简便。下面以下载动画片"猫和老鼠"为例，介绍使用迅雷下载资料的方法。

　　第1步　在【资源发现-猫和老鼠迅雷下载】网页窗口中，选择准备下载的超链接项，单击迅雷下载，如图 13-33 所示。

　　第2步　弹出【新建任务】对话框，**1.** 选择下载文件储存的路径，如【F:\迅雷下载\】，**2.** 单击【立即下载】按钮开始下载，如图 13-34 所示。

图 13-33　　　　　　　　　　　　　　　　　　　图 13-34

　　第3步　打开迅雷下载页面，在当前列表中显示下载进度、时间、大小等相关信息，完成下载电影的操作，如图 13-35 所示。

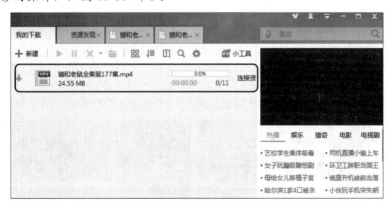

图 13-35

智慧锦囊

　　除了迅雷、FlashGet 快车(将在下节内容中介绍)，QQ 旋风、脱兔、电驴这些都是比较常用的下载工具。另外现在很多的浏览器都带有下载功能，读者可以根据自己的需要选择一种浏览器作为下载工具。

13.5.2 使用 FlashGet

快车(FlashGet)是一款支持多线程下载及断点续传的下载软件，因其性能好、功能多、下载速度快而深受用户喜爱。下面以使用 FlashGet 下载"金山打字通"软件为例，介绍使用 FlashGet 软件下载软件的方法。

第1步 打开百度搜索_金山打字通软件下载网页窗口，单击准备下载软件的超链接项，如图 13-36 所示。

第2步 打开下载地址链接窗口，*1.* 鼠标右键单击【普通下载】按钮，*2.* 在弹出的快捷菜单中选择【使用网际快车 3 下载】菜单项，如图 13-37 所示。

图 13-36　　　　　　　　　　　图 13-37

第3步 弹出 FlashGet 的【新建任务】对话框，*1.* 在【文件名】文本框中输入准备保存的软件名字，如"金山打字通"，*2.* 在【分类】下拉列表框选择准备下载的文件类型，*3.* 在【下载到】下拉列表框中输入文件准备保存的位置，*4.* 单击【立即下载】按钮，如图 13-38 所示。

第4步 弹出【快车 FlashGet 3.7】程序界面，显示相关文件下载的信息，包括文件下载的速度、进度、剩余时间、文件大小等。这时就完成了使用快车下载软件的操作，如图 13-39 所示。

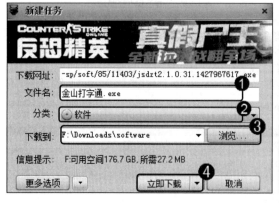

图 13-38　　　　　　　　　　　图 13-39

知识精讲

　　FlashGet 能高速、安全、便捷地下载电影、音乐、游戏、视频、软件、图片等互联网资源，可支持下载.ZIP/.EXE/.MP3/.RAR/.avi/.rmvb/.wma/.wmp 等多种资源格式，并且具有全球首创的"插件扫描"功能，能够在下载过程中自动识别文件中可能含有的间谍程序及捆绑插件，给予用户有效的提示。

13.6　实践案例与上机操作

　　通过本章的学习，读者基本可以掌握 Windows 系统中常用工具软件以及一些常见的操作方法。下面通过练习，以达到巩固学习、拓展提高的目的。

13.6.1　使用迅雷下载图片并压缩图片

　　在实际操作中各个软件之间的应用有着密不可分的联系。下面以一组图片为例来介绍下载软件与压缩软件的配合应用。

　　第 1 步　在【资源发现搜索-壁纸】网页窗口中，双击打开准备下载的图片，右键单击图片，在弹出的快捷菜单中选择【使用迅雷下载】菜单项，如图 13-40 所示。

　　第 2 步　弹出【新建任务】对话框，**1.** 选择下载图片储存的路径，如【F:\迅雷下载\】，**2.** 单击【立即下载】按钮开始下载，如图 13-41 所示。

图 13-40

图 13-41

　　第 3 步　重复前两步的操作，再多下载几张图片，并将下载的图片保存到【新建文件夹】中。

　　第 4 步　**1.** 右键单击【新建文件夹】，在弹出的快捷菜单中选择 WinRAR 菜单项，**2.** 在展开的子菜单项中选择【添加到压缩文件】菜单项，如图 13-42 所示。

图 13-42

第5步 弹出【压缩文件名和参数】对话框，**1.** 选择【常规】选项卡，选中【压缩文件格式】下的 RAR 单选按钮，**2.** 单击【确定】按钮，如图 13-43 所示。

第6步 弹出【正在创建压缩文件 图片.rar】对话框显示进度，压缩文件操作完成，如图 13-44 所示。

图 13-43

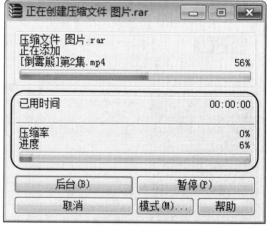

图 13-44

13.6.2 使用看图软件 ACDSee 为照片添加文字说明

在介绍 ACDSee 看图软件中曾提到 ACDSee 提供了许多影像编辑功能，利用这些功能可以给图片添加些好看的效果，下面以一张图片为例，介绍如何使用 ACDSee 为图片添加文字效果。

第1步 启动 ACDSee 软件，**1.** 选择要添加文字的图片，**2.** 单击【编辑】按钮，如图 13-45 所示。

第2步　在弹出的折叠选项中，选择【文本】选项，**1.** 输入文字，设置文字位置、大小、颜色等效果，**2.** 单击【完成】按钮，如图 13-46 所示。

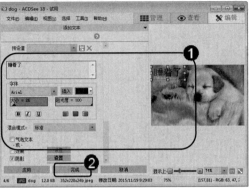

<table>
<tr><td>图 13-45</td><td>图 13-46</td></tr>
</table>

第3步　在【编辑模式菜单】空格中，**1.** 单击【保存】按钮，**2.** 单击【完成】按钮，即可完成对图片添加文字的操作，如图 13-47 所示。

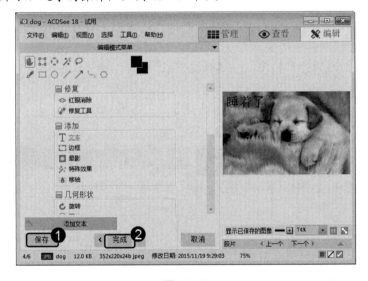

图 13-47

13.6.3　使用暴风影音对播放中的影片进行设置

使用暴风影音播放器观看影片时，可以对播放中的影片进行设置和调整。下面以全屏播放的影片为例，介绍相关操作方法。

第1步　影片播放过程中，将鼠标指针移动至按钮控制区域中，单击【全屏】按钮 ，如图 13-48 所示。

第2步　进入影片全屏播放模式，此时按 Esc 键可返回正常播放模式，如图 13-49 所示。

图 13-48

图 13-49

13.6.4 使用酷狗音乐软件下载歌曲

酷狗音乐软件除了具有播放在线音乐的功能，还可以下载在线歌曲。下面介绍如何使用酷狗音乐下载互联网歌曲的操作方法。

第1步 启动酷狗音乐软件，*1.* 选择要下载的歌曲，如"张韶涵-遗失的美好"，*2.* 单击【下载】按钮📥，如图 13-50 所示。

第2步 在弹出的下载窗口中，*1.* 选择音质、下载地址选项，*2.* 单击【立即下载】按钮，即可完成下载歌曲的操作，如图 13-51 所示。

图 13-50   图 13-51

13.7 思考与练习

一、填空题

1. ACDSee 软件拥有＿＿＿＿＿功能，用鼠标右键＿＿＿＿＿图片，在弹出的下拉菜单中选择_____打开方式即可快速浏览图片。

2. 酷狗音乐是一款应用广泛的_____，集_____、音效、格式转换、歌词等众多功能于一身，拥有良好的_____和丰富的网络音乐资源，_____是酷狗音乐吸引用户的原因。

3. 下载软件就是通过各种_____将互联网上的_____、_____等信息保存到本地电脑上。

二、判断题

1. 酷狗音乐软件可以播放电脑中的声音文件。　　　　　　　　　　（　　）

2. ACDSee 看图软件不能调整图片的大小。　　　　　　　　　　（　　）

三、思考题

1. 如何设置解压缩密码？

2. 如何使用暴风影音播放电脑中的影视剧？

3. 酷狗音乐软件如何创建播放列表？

新起点
电脑教程

第14章

电脑的优化与设置

本章要点

- 加快开机速度
- 加快系统运行速度
- 使用工具优化电脑

本章主要内容

本章主要介绍了如何加快开机速度、加快系统运行速度和使用工具优化电脑方面的知识与技巧。在本章的最后还针对实际的工作需求，讲解了使用任务计划程序、使用时间查看器、使用资源监视器的方法。通过本章的学习，读者可以掌握电脑优化与设置方面的知识，为深入学习电脑知识奠定基础。

14.1 加快开机速度

随着使用电脑时间的延长，以及安装的软件越来越多，很多用户会发现电脑的速度越来越慢，启动速度从以前的几十秒，不断延长为几分钟。本节将详细介绍加快开机速度的方法。

14.1.1 调整系统停留启动的时间

在启动操作系统时，用户可以自己调整"显示操作系统列表的时间"和"显示恢复选项的时间"。下面详细介绍调整系统停留启动时间的操作方法。

第1步 鼠标右键单击【计算机】图标，在弹出的快捷菜单中选择【属性】菜单项，如图 14-1 所示。

第2步 弹出【查看有关计算机的基本信息】界面，单击【高级系统设置】链接，如图 14-2 所示。

图 14-1

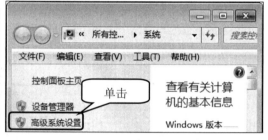

图 14-2

第3步 弹出【系统属性】对话框，**1.** 选择【高级】选项卡，**2.** 在【启动和故障恢复】区域单击【设置】按钮，如图 14-3 所示。

第4步 弹出【启动和恢复故障】对话框，**1.** 选中【在需要时显示恢复选项的时间】复选框，**2.** 单击【确定】按钮即可完成设置，如图 14-4 所示。

图 14-3

图 14-4

14.1.2　设置开机启动项目

电脑开机启动项设置有很多种操作方法，针对不同的情况，操作方法也不一样。正常来说，用户使用电脑要用到的是删除或禁止开机启动项、添加开机启动项这两大部分。下面详细介绍设置开机启动项的操作方法。

第1步　在 Windows 7 系统桌面上，**1.** 单击【开始】按钮，**2.** 在弹出的菜单中选择【运行】菜单项，如图 14-5 所示。

第2步　弹出【运行】对话框，**1.** 在【打开】下拉列表框中输入 "msconfig"，**2.** 单击【确定】按钮，如图 14-6 所示。

图 14-5

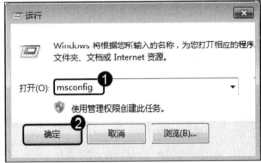

图 14-6

第3步　弹出【系统配置】对话框，**1.** 选择【启动】选项卡，**2.** 根据需要选择开机启动项，**3.** 单击【确定】按钮即可完成开机启动项的设置，如图 14-7 所示。

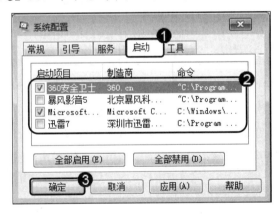

图 14-7

14.1.3　减少开机时间

有时按下机箱上的电源键后，启动需要很长时间。这时用户可以通过修改注册表的键值，来减少开机时间。下面详细介绍减少开机时间的操作方法。

第1步　在 Windows 7 系统桌面上，**1.** 单击【开始】按钮，**2.** 在弹出的菜单中选择【运行】菜单项，如图 14-8 所示。

第2步 弹出【运行】对话框，**1.** 在【打开】下拉列表框中输入 "regedit"，**2.** 单击【确定】按钮，如图 14-9 所示。

图 12-8

图 12-9

第3步 弹出【注册表编辑器】对话框，在对话框左侧窗口依次打开文件夹，如图 14-10 所示。

第4步 在对话框右边的窗口中右键单击 EnablePrefetch 文件，在弹出的快捷菜单中选择【修改】菜单项，如图 14-11 所示。

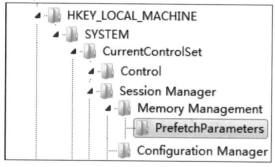

图 14-10

图 14-11

第5步 弹出【编辑 DWORD(32 位)值】对话框，**1.** 在【数值数据】文本框输入 "1"，**2.** 单击【确定】按钮即可完成减少开机滚动条时间的操作，如图 14-12 所示。

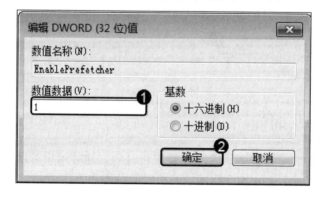

图 14-12

14.2　加快系统运行速度

使用 Windows 7 操作系统进行电脑操作时，如果能够优化 Windows 操作系统，则可提高系统运行速度，从而达到最佳的使用效果。本节将介绍优化 Windows 操作系统的方法。

14.2.1　禁用无用的服务组件

Windows 7 系统服务为了满足更多人的需求，开启了比如传真、远程控制计算机、远程修改注册表等一系列服务，但对于大部分用户来说，有很多服务是不必要的。那些无用的服务长期在电脑中处于等待启动或正在运行的状态，会在一定程度上消耗电脑的运行资源，使电脑的运行速度减慢，甚至可能是某种安全隐患，为黑客和一些别有用心的人大开方便之门。关闭大量无用的系统服务可以达到加速系统的目的。下面详细介绍禁用服务组件的方法。

第1步　在 Windows 7 系统桌面上，*1.* 单击【开始】按钮，*2.* 在弹出的菜单中选择【运行】菜单项，如图 14-13 所示。

第2步　弹出运行界面，*1.* 在【打开】下拉列表框中输入 "services.msc"，*2.* 单击【确定】按钮，如图 14-14 所示。

图 12-13

图 12-14

第3步　弹出【服务(本地)】窗口，在右侧列表中鼠标右键单击需要禁用的服务选项，在弹出的快捷菜单中选择【停止】菜单项，如图 14-15 所示。

第4步　再次用鼠标右键单击需要禁用的服务选项，在弹出的快捷菜单中选择【属性】菜单项，如图 14-16 所示。

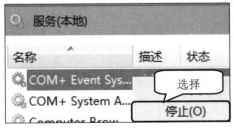

图 14-15　　　　　　　　　　　图 14-16

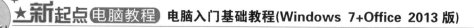

第5步 弹出【COM+Event System 的属性(本地计算机)】对话框，**1.** 选择【常规】选项卡，**2.** 在【启动类型】下拉列表框中选择【禁用】选项，**3.** 单击【确定】按钮即可完成禁用无用的服务组件的操作，如图 14-17 所示。

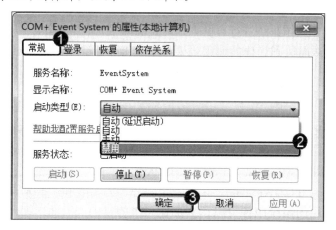

图 14-17

14.2.2 设置最佳性能

设置 Windows 7 系统的最佳性能的方法非常简单，下面详细介绍其具体操作方法。

第1步 鼠标右键单击【计算机】图标，在弹出的快捷菜单中选择【属性】菜单项，如图 14-18 所示。

第2步 弹出【查看有关计算机的基本信息】界面，单击【高级系统设置】链接，如图 14-19 所示。

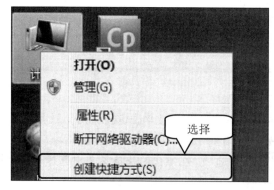

图 14-18

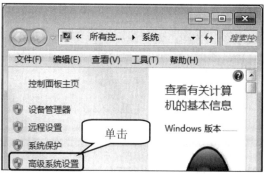

图 14-19

第3步 弹出【系统属性】对话框，**1.** 选择【高级】选项卡，**2.** 在【性能】区域单击【设置】按钮，如图 14-20 所示。

第4步 弹出【性能选项】对话框，**1.** 选择【视觉效果】选项卡，**2.** 选中【让 Windows 选择计算机的最佳设置】单选按钮，**3.** 单击【确定】按钮，如图 14-21 所示。

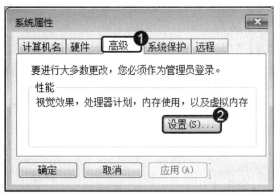

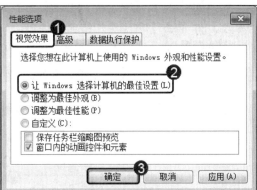

图 14-20　　　　　　　　　　　　　　图 14-21

第 5 步 *1.* 选择【高级】选项卡，*2.* 在【虚拟内存】区域单击【更改】按钮，如图 14-22 所示。

第 6 步 弹出【虚拟内存】对话框，*1.* 在【初始大小】和【最大值】文本框中输入数值，*2.* 单击【确定】按钮即可完成最佳性能的设置，如图 14-23 所示。

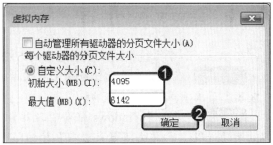

图 14-22　　　　　　　　　　　　　　图 14-23

14.2.3　磁盘碎片整理

定期整理磁盘碎片可以保证文件的完整性，从而提高电脑读取文件的速度。下面详细介绍磁盘碎片整理的方法。

第 1 步 在 Windows 7 系统桌面上，*1.* 单击【开始】按钮，*2.* 在弹出的菜单中选择【所有程序】菜单项，如图 14-24 所示。

第 2 步 在【所有程序】菜单中选择【附件】菜单项，*1.* 在展开的【附件】菜单中选择【系统工具】菜单项，*2.* 选择【磁盘碎片整理程序】菜单项，如图 14-25 所示。

图 14-24　　　　　　　　　　　　　　图 14-25

第3步 弹出【磁盘碎片整理程序】对话框，*1.* 在【当前状态】区域中单击准备整理的磁盘，*2.* 单击【磁盘碎片整理】按钮，如图 14-26 所示。

第4步 完成以上操作即可实现磁盘碎片的整理，如图 14-27 所示。

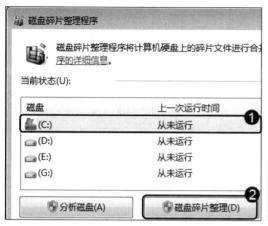

图 14-26

图 14-27

14.2.4　结束多余的进程

在 Windows 7 系统中结束多余进程的方法非常简单，下面详细介绍其操作方法。

第1步 在系统桌面的任务栏上右键单击鼠标，在弹出的快捷菜单中选择【启动任务管理器】菜单项，如图 14-28 所示。

第2步 弹出【Windows 任务管理器】对话框，*1.* 选择【进程】选项卡，*2.* 选中准备结束的进程，*3.* 单击【结束进程】按钮即可完成操作，如图 14-29 所示。

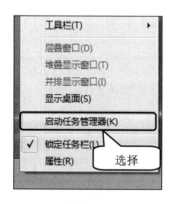

图 14-28

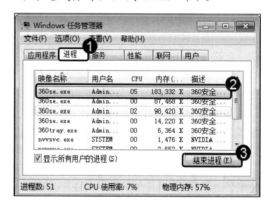

图 14-29

14.3　使用工具优化电脑

Windows 优化大师是一款功能强大的系统辅助软件，使用 Windows 优化大师能够有效地帮助用户了解计算机软硬件的信息，为用户的系统提供全面有效、简便安全的优化。本节将具体介绍 Windows 优化大师的相关操作方法。

14.3.1 使用 Windows 优化大师优化系统

用户使用 Windows 优化大师软件提供的自动优化向导，能够根据检测分析对用户电脑软、硬件配置信息进行自动优化。下面具体介绍优化网络系统的操作方法。

第1步 启动 Windows 优化大师，**1.** 选择【系统优化】选项卡，**2.** 选择【网络系统优化】选项，**3.** 单击【设置向导】按钮，如图 14-30 所示。

第2步 弹出【Wopti 网络系统自动优化向导】对话框，单击【下一步】按钮，如图 14-31 所示。

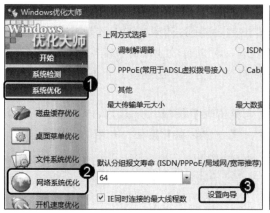

图 14-30

图 14-31

第3步 进入选择上网方式界面，**1.** 选中【局域网或宽带】单选按钮，**2.** 单击【下一步】按钮，如图 14-32 所示。

第4步 进入优化组合方案界面，显示优化组合方案的具体信息，单击【下一步】按钮，如图 14-33 所示。

图 14-32

图 14-33

第5步 进入优化完成界面，显示需重启才能使优化生效，重启电脑即可优化网络系统，如图 14-34 所示。

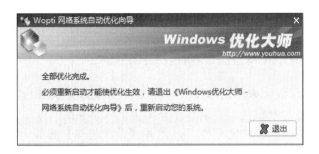

图 14-34

14.3.2 使用 360 安全卫士优化系统

360 安全卫士是一款由奇虎 360 公司推出的功能强、效果好的电脑防护软件,在杀木马、防盗号、保护账号及密码安全方面有出色表现,可以有效地保护电脑安全。使用 360 安全卫士可以清除电脑中安装的无用插件,从而提高电脑运行的速度。下面介绍使用 360 安全卫士清理插件的操作方法。

第 1 步 启动 360 安全卫士,单击【电脑清理】按钮,如图 14-35 所示。

第 2 步 选中【清理插件】选项,单击【一键扫描】按钮,如图 14-36 所示。

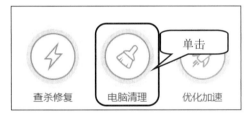

图 14-35

图 14-36

第 3 步 显示扫描结果,单击【一键清理】按钮,如图 14-37 所示。

第 4 步 通过以上步骤即可完成使用 360 安全卫士清理插件的操作,如图 14-38 所示。

图 14-37

图 14-38

14.4 实践案例与上机指导

通过本章的学习,读者基本可以掌握电脑优化与设置的基本知识以及一些常见的操作

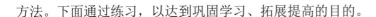

方法。下面通过练习，以达到巩固学习、拓展提高的目的。

14.4.1　使用任务计划程序

在 Windows 7 系统中，可以使用任务计划程序创建和管理电脑，使其在指定的时间自动执行常见任务。下面详细介绍使用任务计划程序的操作方法。

第 1 步　在 Windows 7 系统桌面上，右键单击【计算机】图标，在弹出的快捷菜单中选择【管理】菜单项，如图 14-39 所示。

第 2 步　打开【计算机管理】窗口，*1.* 在【计算机管理(本地)】窗格中选择【任务计划程序】选项，*2.* 在【操作】窗格中单击【创建基本任务】超链接，如图 14-40 所示。

图 14-39

图 14-40

第 3 步　弹出【创建基本任务向导】对话框，*1.* 在【名称】文本框中输入名称，*2.* 在【描述】文本框中输入任务描述，*3.* 单击【下一步】按钮，如图 14-41 所示。

第 4 步　进入【任务触发器】界面，*1.* 在【希望该任务何时开始】区域选中【每天】单选按钮，*2.* 单击【下一步】按钮，如图 14-42 所示。

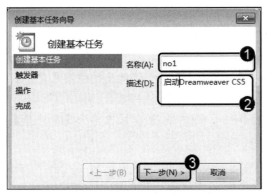

图 14-41

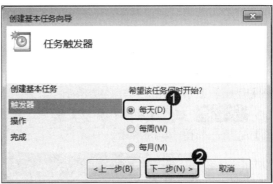

图 14-42

第 5 步　进入【每日】界面，*1.* 在【开始】区域设置开始日期和时间，*2.* 在【每隔】文本框中设置间隔时间，*3.* 单击【下一步】按钮，如图 14-43 所示。

第 6 步　进入【操作】界面，*1.* 选中【启动程序】单选按钮，*2.* 单击【下一步】按钮，如图 14-44 所示。

图 14-43

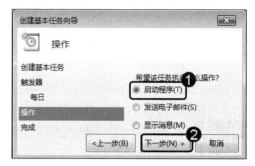

图 14-44

第7步 进入【启动程序】界面，**1.** 在【程序或脚本】文本框中输入路径，**2.** 单击【下一步】按钮，如图 14-45 所示。

第8步 进入【摘要】界面，单击【完成】按钮即可完成使用任务计划的操作，电脑会定时启动该程序，如图 14-46 所示。

图 14-45

图 14-46

14.4.2 使用事件查看器

事件查看器用于查看电脑中的事件，如审核系统事件和存放系统、安全及应用程序日志等。下面以查看安全事件日志为例，介绍事件查看器的使用方法。

第1步 在 Windows 系统桌面上，右键单击【计算机】图标，在弹出的快捷菜单中选择【管理】菜单项，如图 14-47 所示。

第2步 打开【计算机管理】窗口，在【计算机管理(本地)】窗格中单击【事件查看器】选项，如图 14-48 所示。

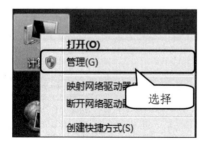

图 14-47

图 14-48

第3步 在【日志摘要】区域单击【安全】选项，如图 14-49 所示。

第4步 在【操作】窗格中单击【查看此日志中的事件】链接，如图 14-50 所示。

图 14-49

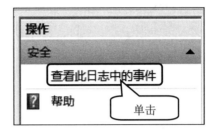

图 14-50

第5步 在【关键字】列表中，**1.** 选择准备查看的事件选项，**2.** 选择【常规】选项卡，**3.** 通过上述操作即可查看到该事件的详细信息，如图 14-51 所示。

图 14-51

14.4.3　使用资源监视器

资源监视器用于实时监控电脑的 CPU、内存、磁盘和网络的活动情况。下面以监控 CPU 的活动情况为例，介绍资源监视器的使用方法。

第1步 在 Windows 系统桌面上，右键单击【计算机】图标，在弹出的快捷菜单中选择【管理】菜单项，如图 14-52 所示。

第2步 打开【计算机管理】窗口，**1.** 在【计算机管理(本地)】窗格中选择【性能】选项，**2.** 单击【打开资源监视器】链接，如图 14-53 所示。

第3步 打开【资源监视器】窗口，选择 CPU 选项卡，通过上述操作即可监控到计算机的 CPU 的活动情况，如图 14-54 所示。

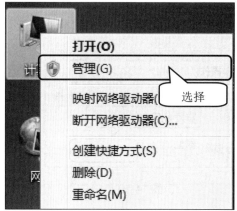

图 14-52

图 14-53

图 14-54

14.4.4 使用性能监视器

Windows 性能监视器是 Microsoft 管理控制台(MMC)的一个管理单元，提供用于分析系统性能的工具，从而实时监视应用程序和硬件性能，自定义要在日志中收集的数据，定义警报和自动操作的阈值，生成报告以及以各种方式查看过去的性能数据。下面介绍性能监视器的使用方法。

第 1 步 在 Windows 系统桌面上，右键单击【计算机】图标，在弹出的快捷菜单中选择【管理】菜单项，如图 14-55 所示。

第 2 步 打开【计算机管理】窗口，**1.** 在【计算机管理(本地)】窗格中选择【性能】选项，**2.** 单击【性能监视器】按钮，**3.** 单击【添加】按钮➕，如图 14-56 所示。

第 3 步 弹出【添加计数器】对话框，**1.** 选择添加的计数器选项，**2.** 单击【添加】按钮，**3.** 单击【确定】按钮，如图 14-57 所示。

第 4 步 通过上述操作即可在性能监视器中添加计数器，如图 14-58 所示。

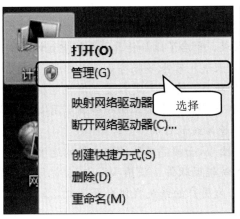

图 14-55

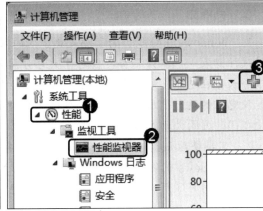

图 14-56

图 14-57

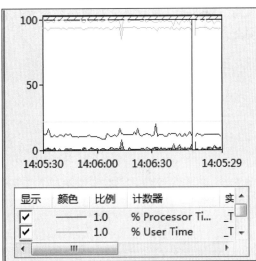

图 14-58

14.5　思考与练习

一、填空题

1. 电脑开机启动项设置有很多种操作方法，针对不同的情况，操作方法也不一样。正常来说，用户使用电脑要用到的是＿＿＿＿＿＿、＿＿＿＿＿＿这两大部分。

2. 用户使用 Windows 优化大师软件提供的自动优化向导，能够根据检测分析到的＿＿＿＿＿＿、＿＿＿＿＿＿进行自动优化。

3. 在启动操作系统时，用户可以自己调整＿＿＿＿＿＿的时间和＿＿＿＿＿＿的时间。

4. 按下电脑机箱的电源键后，有时启动需要很长时间，滚动条需要转 10 多圈。这时用户可以通过＿＿＿＿＿＿，来减少开机的滚动条时间。

二、判断题

1. Windows 系统服务为了满足更多人的需求，开启了比如传真、远程控制计算机、远程修改注册表等一系列服务，但对于大部分用户来说，有很多服务是不必要的，那些无用的服务长期在电脑中处于等待启动或正在运行的状态，会在一定程度上消耗电脑的运行资源，使电脑的运行速度减慢，甚至可能是某种安全隐患，为黑客和一些别有用心的人大开方便之门，关闭大量无用的系统服务可以达到加速系统的目的。 （　　）

2. 定期整理磁盘碎片可以保证文件的完整性，从而提高电脑读取文件的速度。（　　）

3. Windows 优化大师是一款功能强大的系统辅助软件，使用 Windows 优化大师能够有效地帮助用户了解自己计算机软硬件的信息，为用户的系统提供全面有效、简便安全的优化。 （　　）

4. 360 安全卫士是一款由奇虎 360 公司推出的功能强、效果好的电脑防护软件，在杀木马、防盗号、保护账号及密码安全方面有出色表现，在电脑上网时可以有效地保护电脑安全。 （　　）

三、思考题

1. 如何使用性能监视器？
2. 如何使用资源监视器？

第 **15** 章

电脑安全与病毒防范

本章要点

- 📖 认识电脑病毒与木马
- 📖 360 杀毒软件应用
- 📖 Windows 7 系统备份与还原
- 📖 使用 Windows 7 防火墙

本章主要内容

本章主要介绍了电脑病毒与木马、360 杀毒软件应用、Windows 7 系统备份与还原以及使用 Windows 7 防火墙方面的知识与技巧。在本章的最后还针对实际的工作需求，讲解了关闭自动更新功能、使用 360 安全卫士给电脑体检的方法。通过本章的学习，读者可以掌握电脑安全与病毒防范方面的知识，为深入学习电脑知识奠定基础。

15.1　认识电脑病毒与木马

用户在登录互联网浏览网页时，可能会感染电脑病毒使系统遭受破坏。本节将介绍感染电脑病毒与木马的原理与途径、电脑中病毒或木马后的表现，以及常用的杀毒软件等相关知识。

15.1.1　电脑病毒与木马的介绍

电脑病毒是编制者在电脑程序中插入的破坏其功能或者数据的代码，是能影响电脑使用、能自我复制的一组电脑指令或者程序代码。电脑病毒就像生物病毒一样，具有自我繁殖、互相传染以及激活再生等生物病毒特征。电脑病毒有独特的复制能力，它们能够快速蔓延，又常常难以根除。它们能把自身附着在各种类型的文件上，当文件被复制或从一个用户传送到另一个用户时，它们就会随同文件一起蔓延开来。

木马程序通常又称木马或恶意代码等，是指潜伏在电脑中，可受外部用户控制以窃取本机信息或者控制权的程序。木马原指特洛伊木马，出自希腊神话中的特洛伊木马传说。

木马程序带来很多危害，例如占用系统资源，降低电脑效能，危害本机信息安全(盗取QQ 账号、游戏账号甚至银行账号)，将本机作为工具来攻击其他设备等。木马程序是现在比较流行的病毒文件，与一般的病毒不同，木马程序不会自我繁殖，也并不刻意地去感染其他文件，它通过将自身伪装吸引用户下载执行，向施种木马者提供打开被种者电脑的门户，使施种者可以任意毁坏、窃取被种者的文件，甚至远程操控被种者的电脑。

木马程序有很多种类，下面简单介绍几种比较常见的木马程序。

1. 网络游戏木马

网络游戏木马通常采用记录用户键盘输入等方法获取用户的密码和账号。窃取到的信息一般通过发送电子邮件或以提交远程脚本程序的方式发送给木马作者。

2. 网银木马

网银木马是针对网上交易系统编写的木马病毒，其目的是盗取用户的卡号、密码，甚至安全证书。此类木马种类数量虽然比不上网游木马，但其危害更加直接，受害用户的损失更加惨重。

3. 通信软件木马

通过即时通信软件自动发送含有恶意网址的消息，目的在于让收到消息的用户点击网址中毒，用户中毒后又会向更多好友发送病毒消息。

4. 网页点击类木马

网页点击类木马会恶意模拟用户点击广告等动作，在短时间内可以产生数以万计的点击量。病毒作者的编写目的一般是赚取高额的广告推广费用。此类病毒的技术简单，一般只是向服务器发送 HTTP GET 请求。

5. 下载类木马

这种木马程序的体积一般很小，其功能是从网络上下载其他病毒程序或安装广告软件。由于体积很小，下载类木马更容易传播，传播速度也更快。

15.1.2　感染原理与感染途径

病毒的感染原理是病毒依附在软盘、硬盘等存储介质中构成传染源。病毒传染的媒介由工作环境决定。病毒激活是将病毒放入内存，并设置触发条件。触发的条件是多样化的，可以是时钟、系统的日期、用户标识符，也可以是系统的一次通信等。条件成熟病毒就开始自我复制到传染对象中，进行各种破坏活动等。

电脑病毒都具有自己的传播途径，下面予以详细介绍。

> 通过网络传播：随着 Internet 技术的发展，越来越多的人利用网络资源，如下载资料。在下载资料的同时病毒也会隐藏在其中，进而附着在电脑中的文件中，破坏电脑系统或数据。

> 通过移动存储介质传播：如果用户在电脑中插入了感染病毒的存储介质，如 U 盘、光盘或移动硬盘等，在运行这些介质时就会将病毒传播到电脑中。为了防止存储介质将病毒传播到电脑中，在运行存储介质前应该对其进行杀毒或在电脑中启动实时监测程序。

15.1.3　常用的杀毒软件

目前，网络上的杀毒软件种类繁多，用户可以根据自己的喜好和需要进行选择。本节就对使用人数较多的杀毒软件进行简单的介绍。

1. 360 杀毒软件

360 杀毒是 360 安全中心出品的一款免费的云安全杀毒软件。它具有查杀率高、资源占用少、升级迅速等优点；零广告、零打扰、零胁迫，一键扫描，能够快速、全面地诊断系统安全状况和健康程度，并进行精准修复。360 杀毒软件包括以下功能。

> 实时防护：在文件被访问时对文件进行扫描，及时拦截活动的病毒，对病毒进行免疫，防止系统敏感区域被病毒利用。在发现病毒时会及时通过提示窗口警告用户，迅速处理。

> 主动防御：包含 1 层隔离防护、5 层入口防护、7 层系统防护加上 8 层浏览器防护，全方位立体化阻止病毒、木马和可疑程序入侵。360 安全中心还会跟踪分析病毒入侵系统的链路，锁定病毒最常利用的目录、文件、注册表位置，阻止病毒，免疫流行病毒。

> 广告拦截：可以精准拦截各类网页广告、弹出式广告、弹窗广告等，为用户营造干净、健康、安全的上网环境。

2. 金山毒霸

金山毒霸从 1999 年发布最初版本至 2010 年由金山软件开发及发行，之后在 2010 年 11

月金山软件旗下安全部门与可牛合并，由合并的新公司金山网络全权管理。金山毒霸融合了启发式搜索、代码分析、虚拟机查毒等技术。经业界证明金山毒霸拥有成熟可靠的反病毒技术，以及丰富的经验，使其在查杀病毒种类、查杀病毒速度、未知病毒防治等多方面达到世界先进水平。同时，金山毒霸还具有病毒防火墙实时监控、压缩文件查毒、查杀电子邮件病毒等多项先进的功能，紧随世界反病毒技术的发展，可为个人用户和企事业单位提供完善的反病毒解决方案。从 2010 年 11 月 10 日 15 点 30 分起，金山毒霸(个人简体中文版)的杀毒功能和升级服务永久免费。

3. 腾讯电脑管家

腾讯电脑管家是腾讯公司推出的一款免费安全软件。它能有效预防和解决电脑上常见的安全风险。拥有云查杀木马，系统加速，漏洞修复，实时防护，网速保护，电脑诊所，健康小助手等功能；首创"管理+杀毒"2 合 1 的开创性功能，依托管家云查杀和第二代自研反病毒引擎"鹰眼"、小红伞管家系统修复引擎和金山云查杀引擎，拥有 QQ 账号全景防卫系统，针对网络钓鱼欺诈及盗号打击方面，有更加出色的表现，在安全防护及病毒查杀方面的能力已达到国际一流水平，能够全面保障电脑安全。

15.2　360 杀毒软件应用

360 杀毒软件是一款免费杀毒软件，功能非常强大，占用系统资源极低，而且可以实时保护系统安全。本节将详细介绍使用 360 查杀病毒的有关操作方法。

15.2.1　全盘扫描

360 杀毒具有强大的病毒扫描能力，除普通病毒、网络病毒、电子邮件病毒、木马之外，对于间谍软件、Rootkit 等恶意软件也有极为优秀的检测及修复能力。下面详细介绍其全盘扫描功能的具体操作方法。

第 1 步 启动 360 杀毒软件，在 360 杀毒界面中单击【全盘扫描】按钮，如图 15-1 所示。

第 2 步 开始扫描，扫描完成后单击【立即处理】按钮，如图 15-2 所示。

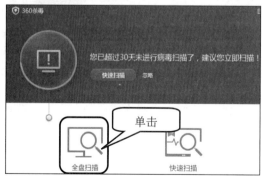

图 15-1　　　　　　　　　　　图 15-2

第 3 步　扫描完成后会显示结果，如"本次扫描发现 13 个待处理项，已处理 11 个项目！"。*1.* 选中准备处理的项目，*2.* 单击【再次处理】按钮，如图 15-3 所示。

第 4 步　弹出【360 杀毒】对话框，单击【修复】按钮，如图 15-4 所示。

图 15-3

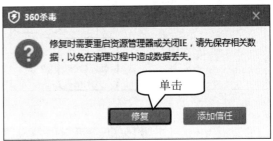

图 15-4

第 5 步　完成处理，会显示"已成功处理所有发现的项目！"，单击【确认】按钮即可完成 360 杀毒软件的全盘扫描，如图 15-5 所示。

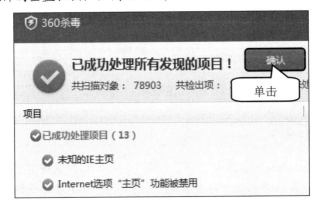

图 15-5

15.2.2　快速扫描

使用 360 杀毒软件的快速扫描系统的方法非常简单，下面详细介绍其操作方法。

第 1 步　启动 360 杀毒软件，在 360 杀毒界面中单击【快速扫描】按钮，如图 15-6 所示。

第 2 步　开始扫描，扫描完成后出现"本次扫描发现 1 个待处理项！"，*1.* 选中待处理项目，*2.* 单击【立即处理】按钮，如图 15-7 所示。

第 3 步　完成处理，会显示"已成功处理所有发现的项目！"，单击【确认】按钮即可完成 360 杀毒快速扫描，如图 15-8 所示。

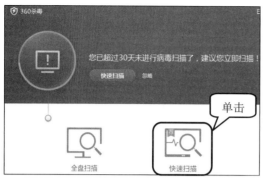

图 15-6

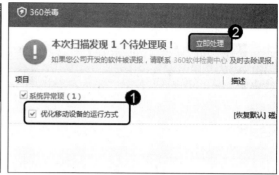

图 15-7

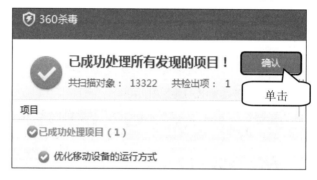

图 15-8

15.2.3　宏病毒扫描

360 杀毒软件推出 Office 宏病毒扫描"专杀"，可全面查杀寄生在 Excel、Word 等文档中的 Office 宏病毒，查杀能力处于行业领先地位。使用 360 杀毒软件的宏病毒扫描功能的方法非常简单，下面详细介绍其操作方法。

第1步　启动 360 杀毒软件，在 360 杀毒界面中单击【宏病毒扫描】按钮，如图 15-9 所示。

第2步　弹出【360 杀毒】对话框，显示"扫描前请保存并关闭已打开的 Office 文档"，单击【确定】按钮，如图 15-10 所示。

图 15-9

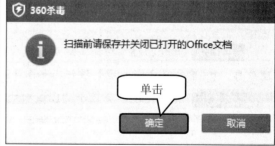

图 15-10

第3步 完成扫描，显示"本次扫描未发现任何安全威胁！"，单击【返回】按钮即可完成 360 杀毒软件宏病毒扫描，如图 15-11 所示。

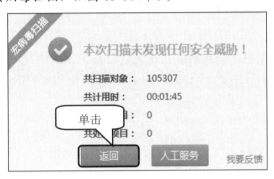

图 15-11

15.2.4　弹窗拦截

使用 360 杀毒弹窗拦截功能的方法非常简单，下面详细介绍其操作方法。

第1步 启动 360 杀毒软件，在 360 杀毒界面中单击【弹窗拦截】按钮，如图 15-12 所示。

第2步 进入弹窗拦截界面，选择【强力拦截】选项，单击【手动添加】按钮，如图 15-13 所示。

图 15-12

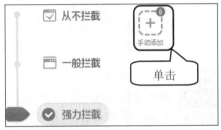

图 15-13

第3步 弹出【手动添加-在这里您可以开启想要拦截的广告和弹窗】对话框，**1.** 选中准备拦截的弹窗，**2.** 单击【确认开启】按钮，如图 15-14 所示。

第4步 返回弹窗拦截界面，可以看到已经将弹窗添加到拦截选项中，通过以上步骤即可完成弹窗拦截的设置，如图 15-15 所示。

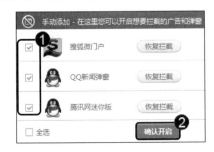

图 15-14

图 15-15

15.3　Windows 7 系统备份与还原

在计算机的使用过程中，一旦系统出现无法正常工作的情况，可以通过还原系统将系统恢复到以前的状态。本节主要介绍 Windows 7 系统备份与还原的方法。

15.3.1　系统备份

在 Windows 7 操作系统中，为了防止重要数据丢失或损坏，可以通过系统进行数据备份。下面详细介绍系统备份的操作方法。

第 1 步 在 Windows 7 系统桌面中，**1.** 单击【开始】按钮，**2.** 在弹出的菜单中选择【控制面板】菜单项，如图 15-16 所示。

第 2 步 弹出【控制面板】窗口，单击【备份和还原】链接，如图 15-17 所示。

图 15-16

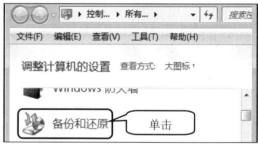

图 15-17

第 3 步 弹出【备份和还原】窗口，单击【设置备份】超链接，如图 15-18 所示。

第 4 步 弹出【设置备份】对话框，**1.** 在【保存备份的位置】区域中选择准备保存位置的磁盘，**2.** 单击【下一步】按钮，如图 15-19 所示。

图 15-18

图 15-19

第 5 步 在当前窗口中可以查看上一次备份、下一次备份、内容及计划等信息，通过以上步骤即可完成系统备份的操作，如图 15-20 所示。

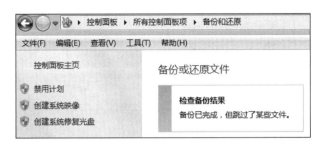

图 15-20

15.3.2　创建系统还原点

在 Windows 操作系统中，创建系统还原点的方法非常简单。下面将详细介绍创建系统还原点的具体操作方法。

第1步　在 Windows 7 系统桌面中，*1.* 单击【开始】按钮，*2.* 在弹出的菜单中选择【控制面板】菜单项，如图 15-21 所示。

第2步　弹出【控制面板】窗口，单击【系统】链接，如图 15-22 所示。

 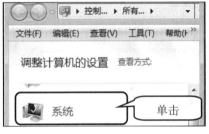

图 15-21　　　　　　　　　　　　　　图 15-22

第3步　在弹出的【系统】窗口中，单击【系统保护】超链接，如图 15-23 所示。

第4步　弹出【系统属性】对话框中，*1.* 选择【系统保护】选项卡，*2.* 在【保护设置】区域选择准备保护的磁盘，*3.* 单击【创建】按钮，如图 15-24 所示。

图 15-23　　　　　　　　　　　　　　图 15-24

第5步　当前界面显示已成功创建还原点，通过以上步骤即可完成创建系统还原点的操作，如图 15-25 所示。

图 15-25

15.3.3 系统还原

使用系统还原功能可以在不影响个人文件的情况下，撤销对电脑所做的系统更改，并且还可以依据还原点将电脑的系统文件及时还原到早期设置，下面详细介绍系统还原的操作方法。

第 1 步 在 Windows 7 系统桌面中，*1.* 单击【开始】按钮，*2.* 在【所有程序】菜单项中选择【附件】菜单项，*3.* 选择【系统工具】菜单项，*4.* 选择【系统还原】菜单项，如图 15-26 所示。

第 2 步 弹出【系统还原】对话框，单击【下一步】按钮，如图 15-27 所示。

图 15-26   图 15-27

第 3 步 进入【确认还原点】界面，单击【完成】按钮即可完成系统还原的操作，如图 15-28 所示。

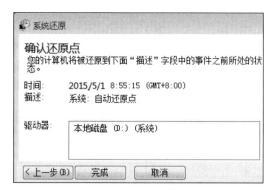

图 15-28

15.4　使用 Windows 7 防火墙

在 Windows 7 操作系统中内置有防火墙功能，通过定义防火墙可以拒绝网络中的非法访问，从而主动防御病毒的入侵。本节主要介绍如何使用 Windows 7 防火墙的方法。

15.4.1　启用 Windows 防火墙

防火墙是一项协助确保信息安全的设备，会依照特定的规则，允许或限制传输的数据通过。防火墙可以是一台专属的硬件也可以是架设在一般硬件上的一套软件。

Windows 防火墙，顾名思义就是在 Windows 操作系统中系统自带的软件防火墙。防火墙最基本的功能就是控制电脑网络中不同信任程度区域间传送的数据流。下面详细介绍启动 Windows 防火墙的详细操作步骤。

第 1 步　在 Windows 7 系统桌面中，**1.** 单击【开始】按钮，**2.** 在弹出的菜单中选择【控制面板】菜单项，如图 15-29 所示。

第 2 步　弹出【控制面板】窗口，单击【Windows 防火墙】链接，如图 15-30 所示。

图 15-29

图 15-30

第 3 步　弹出【Windows 防火墙】窗口，在【控制面板主页】区域中，单击【打开或关闭 Windows 防火墙】链接项，如图 15-31 所示。

第 4 步　在弹出的【自定义设置】窗口中，**1.** 选中【启用 Windows 防火墙】单选按钮，**2.** 单击【确定】按钮即可完成启用 Windows 防火墙的操作，如图 15-32 所示。

图 15-31

图 15-32

15.4.2 设置 Windows 防火墙

启动 Windows 防火墙后，应该学会如何设置 Windows 防火墙。下面介绍设置 Windows 防火墙的操作方法。

第1步 打开【Windows 防火墙】窗口，在【控制面板主页】区域中单击【高级设置】链接项，如图 15-33 所示。

第2步 弹出【高级安全 Windows 防火墙】窗口，**1.** 右击【本地计算机上的高级安全 Windows 防火墙】菜单项，**2.** 在弹出的菜单中选择【属性】菜单项，如图 15-34 所示。

图 15-33

图 15-34

第3步 弹出【本地计算机 上的高级安全 Windows 防火墙 属性】对话框，单击【确定】按钮，通过以上步骤即可完成设置 Windows 防火墙的操作，如图 15-35 所示。

图 15-35

15.5　实践案例与上机指导

通过本章的学习，读者基本可以掌握电脑安全与病毒防范的基本知识以及一些常见的操作方法。下面通过练习操作，以达到巩固学习、拓展提高的目的。

15.5.1 关闭 Windows 自动更新功能

关闭 Windows 自动更新功能的方法非常简单，其操作方法如下。

第1步 在 Windows 7 系统桌面中，**1.** 单击【开始】按钮，**2.** 在弹出的菜单中选择【控制面板】菜单项，如图 15-36 所示。

第 2 步　弹出【控制面板】窗口，单击【操作中心】链接，如图 15-37 所示。

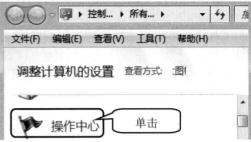

图 15-36　　　　　　　　　　　　　　图 15-37

第 3 步　进入【操作中心】窗口，单击窗口左侧的 Windows Update 链接，如图 15-38 所示。

第 4 步　进入 Windows Update 窗口，单击左侧的【更改设置】链接，如图 15-39 所示。

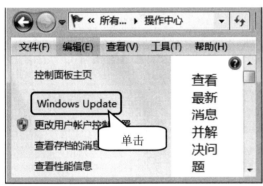

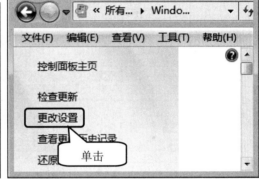

图 15-38　　　　　　　　　　　　　　图 15-39

第 5 步　进入【选择 Windows 安装更新的方法】界面，**1.** 在【重要更新】下拉列表框中选择【从不检查更新(不推荐)】选项，**2.** 单击【确定】按钮即可完成关闭 Windows 自动更新的操作，如图 15-40 所示。

图 15-40

15.5.2　使用 360 安全卫士给电脑体检

定期体检可以有效地保持电脑的健康，下面介绍使用 360 安全卫士对电脑进行体检的方法。

第1步 启动 360 安全卫士，单击【立即体检】按钮，如图 15-41 所示。

第2步 开始体检，体检完成后系统会弹出"电脑存在垃圾，建议立即修复"提示，单击【一键修复】按钮，如图 15-42 所示。

图 15-41

图 15-42

第3步 通过以上步骤即可完成使用 360 安全卫士进行电脑体检的操作，如图 15-43 所示。

图 15-43

15.5.3　使用 360 安全卫士卸载软件

卸载是指从硬盘删除程序文件和文件夹，以及从注册表删除相关数据的操作。下面介绍使用 360 安全卫士卸载软件的操作方法。

第1步 启动 360 安全卫士，单击【软件管家】按钮，如图 15-44 所示。

第2步 弹出【软件管家】窗口，选择【软件卸载】选项，进入软件卸载界面，单击准备要卸载的软件右侧的【卸载】按钮，如图 15-45 所示。

图 15-44

图 15-45

第3步 显示"已经卸载完成!",单击【完成】按钮,如图 15-46 所示。

第4步 在优酷软件选项中显示"卸载完成!发现残留",单击右侧的【强力清扫】按钮,如图 15-47 所示。

图 15-46　　　　　　　　　　　　　　　　图 15-47

第5步 弹出【360 软件管家-强力清扫】对话框,选中准备清扫的项目,单击【删除所选项目】按钮,如图 15-48 所示。

第6步 通过以上步骤即可完成使用 360 安全卫士卸载软件的操作,如图 15-49 所示。

图 15-48　　　　　　　　　　　　　　　　图 15-49

15.6　思考与练习

一、填空题

1. 电脑病毒是编制者在＿＿＿＿＿＿中插入的破坏其功能或者数据的代码,是能＿＿＿＿＿、能＿＿＿＿＿的一组电脑指令或者程序代码。

2. ＿＿＿＿＿通常又称木马或恶意代码等,是指潜伏在电脑中、可受外部用户控制以窃取本机信息或者控制权的程序。木马原指＿＿＿＿＿,出自希腊神话的特洛伊木马传说。

3. 木马程序包括＿＿＿＿＿、＿＿＿＿＿、＿＿＿＿＿、网页点击类木马、下载类木马。

4. 病毒的感染原理是病毒依附在＿＿＿＿＿、＿＿＿＿＿等存储介质中构成传染源。病毒传染的媒介由_____决定。

二、判断题

1. 随着 Internet 技术的发展，越来越多的人利用网络资源，如下载资料。在下载资料的同时病毒也会隐藏在其中，进而附着在电脑中的文件中，破坏电脑系统或数据。（ ）

2. 如果用户在电脑中插入了感染病毒的存储介质，如 U 盘、光盘或移动硬盘等，在运行这些介质时就会将病毒传播到电脑中。为了防止存储介质将病毒传播到电脑中，在运行存储介质前应该对其进行杀毒或在电脑中启动实时监测程序。（ ）

3. 360 杀毒是 360 安全中心出品的一款免费的云安全杀毒软件。它具有查杀率高、资源占用少、升级迅速等优点。（ ）

4. 腾讯电脑管家拥有云查杀木马，系统加速，漏洞修复，实时防护，网速保护，电脑诊所，健康小助手等功能；首创"管理+杀毒"2 合 1 的开创性功能，依托管家云查杀和第二代自研反病毒引擎"鹰眼"、小红伞管家系统修复引擎和金山云查杀引擎，拥有 QQ 账号全景防卫系统。（ ）

三、思考题

1. 如何关闭 Windows 自动更新功能？
2. 如何启用 Windows 防火墙？

思考与练习答案

第 1 章

一、填空题

1. 图片处理　信息计算
2. 笔记本电脑　平板电脑
3. 主板　内存　显卡
4. USB 接口　鼠标接口　麦克风插口

二、判断题

1. √
2. √
3. √
4. ×

三、思考题

1. 将显示器与主机的连接信号线插头对应插入主机的显示器接口。

将显示器信号线右侧的螺丝拧紧，将显示器信号线左侧的螺丝拧紧。

将显示器的电源线插头插入电源插座中，通过以上方法即可完成连接显示器的操作。

2. 将打印机信号线一端的插头插入打印机接口中。

将打印机信号线另一端的插头插入主机背面的 USB 接口中，并将打印机一端的电源线插头插入打印机背面的电源接口中，另一端插在电源插座上，这样即可完成连接打印机的操作。

第 2 章

一、填空

1. 数字　控制按键 14 个　数字按键 10 个
2. 右侧　4 个方向键　翻页
3. 2 个　输入符号键　数字键　符号键
4. 三键鼠标　感应鼠标　无线鼠标

二、判断题

1. √
2. ×
3. √
4. √
5. √

三、思考题

1. 解决这种情况只要打开键盘，检查按键连线，查出故障位置，调整正确，然后拧紧螺丝就可以了。

2. 使用时间较长的键盘需要拆开进行维护。拔下键盘与主机连接的电缆插头，然后将键盘正面向下放到工作台上，拧下底板上的螺钉，即可取下键盘的后盖板。

清理键盘的内部，不要用水来清洗，可以用酒精清洗；也可以用油漆刷或者油画笔扫除电路板和键盘按键上的灰尘。在键盘清洗后没有完全晾干时，切忌急着拿去使用，键盘没干就使用很容易把键盘烧坏。

小的操作。

第3章

一、填空

1. 系统桌面　桌面背景　开始按钮　任务栏

2. 当前用户图标　系统控制区　所有程序菜单

3. 最下方　快速启动栏　语言栏　【显示桌面】按钮

4. 菜单栏　地址栏　窗口工作区　滚动条

5. 下拉列表框　单选按钮　微调框

二、判断题

1. √

2. √

3. √

4. √

5. √

三、思考题

1. 在 Windows 7 系统桌面上，单击【开始】按钮，在弹出的【开始】菜单中，将鼠标指针移至【所有程序】菜单上。

在弹出的【所有程序】菜单中，鼠标右键单击准备创建快捷方式图标的程序，在弹出的菜单中选择【发送到】菜单项，在弹出的子菜单中选择【桌面快捷方式】菜单项。

通过上述操作即可创建快捷方式图标。

2. 在 Windows 7 系统桌面上，在任务栏的空白处单击鼠标右键，在弹出的快捷菜单中选择【属性】菜单项。

弹出【任务栏和「开始」菜单属性】对话框，选择【任务栏】选项卡，在【任务栏外观】区域中选中【使用小图标】复选框，单击【确定】按钮。

通过以上步骤即可完成调整任务栏大

第4章

一、填空题

1. 文件图标　文件名　扩展名

2. 【大图标】【列表】【详细信息】【平铺】

3. 文件夹图标　文件夹名称

4. 文件图标　文件名　扩展名

5. 回收站

二、判断题

1. √

2. √

3. √

4. √

5. √

三、思考题

1. 打开一个文件夹，单击文件夹中的【更改您的视图】按钮旁边的三角按钮，在弹出的下拉菜单中选择【平铺】菜单项，通过以上步骤即可实现以平铺方式显示文件。

2. 右键单击准备重命名的文件或文件夹，在弹出的快捷菜单中选择【重命名】菜单项，即可重新命名文件或文件夹。

第5章

一、填空题

1. 系统外观　系统声音　自定义桌面主题

2. 分辨率　刷新率　自己的视力

3. 【开始】菜单　中央控制区域　左下方

4. 睡眠　关机　不采取任何操作
5. 大小　名称　修改日期
6. 任务栏　应用程序区　托盘区

二、判断题

1. ✕
2. ✕
3. ✓
4. ✓
5. ✓

三、思考题

1. 想要移动添加到桌面的小工具非常简单，只需要将鼠标指针移至小工具上，按住鼠标左键并拖动，即可将小工具移至其他位置。

2. 在 Windows 7 系统桌面上，单击【开始】按钮，在【开始】菜单中选择【控制面板】菜单项。

在【控制面板】窗口中，单击【类别】按钮，在弹出的快捷菜单中选择【类别】菜单项。

单击【用户账户和家庭安全】链接，打开【用户账户和家庭安全】窗口，单击【用户账户】区域中的【更改账户图片】链接。

进入【为您的账户选择一个新图片】界面，在图片区域选择准备使用的图片，单击【更改图片】按钮。

通过以上步骤即可完成更改账户图片的操作。

第 6 章

一、填空

1. 输入并设置文字　插入图片　绘图
2. 四则运算　科学运算
3. Tablet PC 输入面板　Windows 日记本

4. 放大镜　讲述人　屏幕键盘

二、判断题

1. ✓
2. ✓
3. ✕

三、思考题

1. 在 Windows 7 系统桌面上，单击【开始】按钮，在弹出的菜单中选择【所有程序】菜单项。

在【所有程序】菜单中，展开【附件】菜单项，在展开的【附件】菜单项中选择【便笺】菜单项。

进入便笺界面，输入便笺内容即可完成使用便笺的操作。

2. 在 Windows 7 系统桌面上，单击【开始】按钮，在弹出的菜单中选择【所有程序】菜单项。

在【所有程序】菜单中，展开【附件】菜单项，在展开的【附件】菜单项中选择【截图工具】菜单项。

打开【截图工具】窗口，单击【新建】按钮右侧的下拉箭头，在弹出的下拉菜单中选择【任意格式截图】菜单项。

鼠标指针变为形状，单击并拖动鼠标左键在屏幕上绘制任意区域。

释放鼠标左键即可打开【截图工具】窗口，在工作区中显示捕捉的屏幕区域。

第 7 章

一、填空

1. 音码　形码　音形
2. 笔划　字根　单字
3. 字根　形状　含义
4. 130 基本字根　非基本字根
5. 左右型　上下型　杂合型

二、判断题

1. √
2. √
3. √
4. √

三、思考题

1. 在 Windows 7 系统桌面中，在语言栏单击【选项】按钮，在弹出的菜单中选择【设置】菜单项。

弹出【文本服务和输入语言】对话框，选择【高级键设置】选项卡，在【输入语言的热键】列表框中选择准备设置快速启动键的输入法选项，单击【更改按钮顺序】按钮。

弹出【更改按键顺序】对话框，选中【启用按键顺序】复选框，设置快速启动键，单击【确定】按钮。

返回【文本服务和输入语言】对话框，单击【确定】按钮即可完成设置输入法的快捷启动键的操作。

2. 在记事本中，使用"微软拼音体验版"输入法输入词组"渤海湾"的拼音"bhw"。

在键盘上按空格键确认选择"词条 1"，再次按空格键即可完成使用简拼输入词组的操作。

第 8 章

一、填空题

1. 快速访问工具栏　功能区　滚动条　显示比例
2. 【保存】按钮　【撤销粘贴】按钮　【重复粘贴】按钮
3. 文本左对齐　文本右对齐　分散对齐
4. 文本　页面

二、判断题

1. √
2. √
3. √
4. ×
5. √

三、思考题

1. 当前 Word 程序窗口中，选择【页面布局】选项卡，在【页面设置】组中单击【纸张大小】按钮，在弹出的下拉列表中选择 A4 选项即可完成设置纸张大小的操作。

2. 在 Word 文档中，选择【视图】选项卡，在【显示比例】组中单击【显示比例】按钮。

弹出【显示比例】对话框，在【百分比】微调框中设置显示比例，单击【确定】按钮。

完成上述操作即可设置不同的显示比例。

第 9 章

一、填空题

1. 快速访问工具栏　编辑栏　状态栏
2. 窗口的最小化　向下还原　关闭
3. 【文件】　【页面布局】　【数据】　【视图】
4. 下方　名称框　编辑框
5. 最下方　查看页面信息　调节显示比例

二、判断题

1. √
2. √
3. √
4. √
5. ×

三、思考题

1. 选中准备进行分类汇总的数据，单击【数据】选项卡，在【排序和筛选】组中单击【升序】按钮。

在【数据】选项卡中，单击【分级显示】按钮，在弹出的下拉菜单中单击【分类汇总】按钮。

弹出【分类汇总】对话框，选中准备汇总项的复选框，单击【确定】按钮。

通过以上步骤即可完成分类汇总数据的操作。

2. 选中表格，单击【开始】选项卡，在【样式】组中单击【单元格样式】按钮，在弹出的下拉菜单中选择一个单元格样式。通过以上步骤即可完成设置条件格式突出表格内容的操作。

第 10 章

一、填空题

1. 标题栏　功能区　工作区　状态栏
2. 最上方　最小化　向下还原　关闭
3. 【开始】　【设计】　【动画】【视图】
4. 最下方　查看页面信息　调节显示比例

二、判断题

1. √
2. √
3. √
4. √
5. ×

三、思考题

1. 启动 PowerPoint 2013，单击【插入】选项卡，单击【文本】按钮，在弹出的下拉菜单中单击【艺术字】按钮，在弹出的子菜单中选择一个艺术字类型。

在幻灯片中插入了一个【请在此放置您的文字】文本框，在文本框中输入艺术字内容即可完成插入艺术字的操作。

2. 选中准备添加动作按钮的幻灯片，单击【插入】选项卡，单击【链接】按钮，单击【动作】按钮。

单击幻灯片任意位置，弹出【操作设置】对话框，单击【单击鼠标】选项卡，选中【超链接到】单选按钮，单击【确定】按钮。

通过以上步骤即可在幻灯片中插入动作按钮。

第 11 章

一、填空题

1. 互联网　两台　计算机信息技术
2. 查找各种信息资料　下载各类资源
3. "非对称数字用户环路"　小型公司　频分复用
4. MSIE　Windows 7 操作系统
5. 搜索栏　工具栏　水平和垂直滚动条　网页浏览窗口

二、判断题

1. √
2. √
3. √
4. ×
5. √

三、思考题

1. 启动 IE 浏览器，单击【工具】按钮，在弹出的下拉菜单中选择【Internet 选项】菜单项。

弹出【Internet 选项】对话框，选择【安全】选项卡，在【该区域的安全级别】区域设置浏览器的安全级别，单击【确定】按钮即可完成设置浏览器的安全级别的操作。

2. 打开 IE 浏览器，鼠标右键单击准备保存的超链接，在弹出的快捷菜单中选择【目标另存为】菜单项。

弹出【另存为】对话框，选择目标保存的位置，在【文件名】下拉列表框中输入名称，单击【保存】按钮。

通过以上步骤即可完成保存网页上的超链接的操作。

第 12 章

一、填空题

1. 传声器　话筒　耳麦　进行声音的输入　进行声音的输出
2. 电脑相机　电脑眼
3. E-mail
4. 输入设备

二、判断题

1. √
2. √
3. √
4. √
5. √

三、思考题

1. 登录电子邮箱，在【收件箱】中选中准备删除的邮件复选框，单击【删除】按钮，通过上述操作即可删除电子邮件。

2. 启动并登录 QQ 程序，进入主界面，单击【群/讨论组】按钮，选择【QQ 群】选项卡，在文本框中输入准备添加的 QQ 群号码，单击【找群】按钮。

系统会根据所输入的群号码自动搜索到群，单击【加群】按钮。

弹出【添加群】对话框，在文本框中输入验证加群的信息，单击【下一步】按钮。

【添加群】对话框中会提示用户"您的加群请求已发送成功，请等候群主/管理员验证"信息，单击【完成】按钮。

第 13 章

一、填空题

1. 快速查看　单击　ACDSee
2. 音乐播放器　播放　音乐效果　操作简单
3. 网络协议　视频　图片

二、判断题

1. √
2. ×

三、思考题

1. 压缩文件时，在弹出的【压缩文件名和参数】对话框中，选择【常规】选项卡，单击【设置密码】按钮。

弹出【输入密码】对话框，输入并确认密码，单击【确定】按钮，完成设置文件解压缩密码操作。

2. 启动暴风影音软件，在播放显示区域单击【打开文件】按钮。

弹出【打开】对话框，在【查找范围】列表框中选择视频文件存放的位置，如【本地磁盘(E:)】，单击选择准备播放的视频文件，单击【打开】按钮。

打开的视频文件即可在暴风影音中播放。

3. 启动酷狗音乐软件，单击【列表】按钮，在弹出的下拉菜单中选择【新建列表】菜单项。

新建一个播放列表，将播放列表重命名，如"喜欢听"，按 Enter 键即可完成创建播放列表的操作。

第 14 章

一、填空题

1. 删除或禁止开机启动项　添加开机启动项

2. 用户电脑软　硬件配置信息

3. 显示操作系统列表　显示恢复选项

4. 修改注册表的键值

二、判断题

1. √

2. ×

3. √

4. √

三、思考题

1. 在 Windows 系统桌面上，右键单击【计算机】图标，在弹出的快捷菜单中选择【管理】菜单项。

打开【计算机管理】窗口，在【计算机管理(本地)】窗格中选择【性能】选项，单击【性能监视器】按钮，单击【添加】按钮。

弹出【添加计数器】对话框，选择添加的计数器选项，单击【添加】按钮，单击【确定】按钮。

通过上述操作即可在性能监视器中添加计数器。

2. 在 Windows 系统桌面上，右键单击【计算机】图标，在弹出的快捷菜单中选择【管理】菜单项。

打开【计算机管理】窗口，在【计算机管理(本地)】窗格中选择【性能】选项，单击【打开资源监视器】链接。

打开【资源监视器】窗口，选择 CPU 选项卡，通过上述操作即可监控到计算机的 CPU 的活动情况。

第 15 章

一、填空题

1. 计算机程序　影响计算机使用　自我复制

2. 木马程序　特洛伊木马

3. 网络游戏木马　网银木马　通信软件木马

4. 存储介质软盘　硬盘　工作的环境

二、判断题

1. √

2. √

3. √

4. √

三、思考题

1. 在 Windows 7 系统桌面中，单击【开始】按钮，在弹出的菜单中选择【控制面板】菜单项。

弹出【控制面板】窗口，单击【操作中心】链接。

进入【操作中心】窗口，单击窗口左侧的 Windows Update 链接。

进入 Windows Update 窗口，单击左侧的【更改设置】链接。

进入【选择 Windows 安装更新的方法】界面，在【重要更新】下拉列表框中选择【从不检查更新(不推荐)】选项，单击【确定】按钮即可完成关闭 Windows 自动更新的操作。

2. 在 Windows 7 系统桌面中，单击【开始】按钮，在弹出的菜单中选择【控制面板】菜单项。

弹出【控制面板】窗口，单击【Windows 防火墙】链接。

弹出【Windows 防火墙】窗口，在【控制面板主页】区域中，单击【打开或关闭 Windows 防火墙】链接项。

在弹出的【自定义设置】窗口中，选中【启用 Windows 防火墙】单选按钮，单击【确定】按钮即可完成启用 Windows 防火墙的操作。